参 见 第 ③ 章

参 见 第 ④ 章

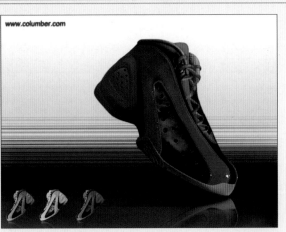

参见第 5 章

参见第 6 章

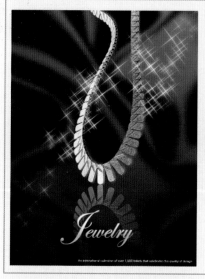

参 见 第 11 章

参 见 第 12 章

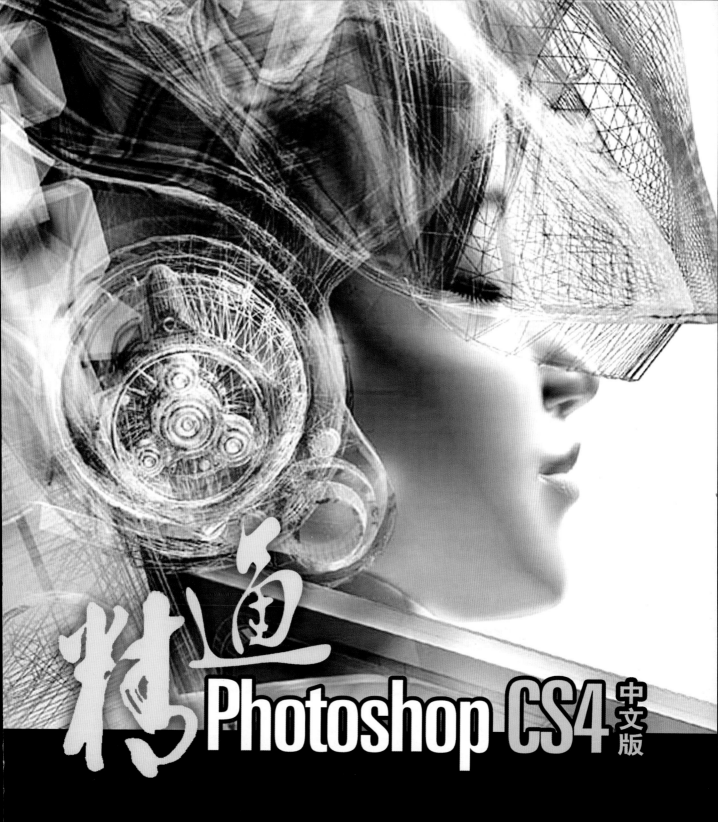

精通
Photoshop CS4 中文版

张昌飞　高　伟　编著

清华大学出版社

北　京

内 容 简 介

本书根据作者多年的教学和实践经验编写而成，以基础讲解和实例相结合的方式，详细讲解了 Photoshop CS4 的基本功能和实战技巧。

本书共分 12 章，讲解了 Photoshop CS4 基本操作、绘图、图像修饰、文字、选区、路径、通道、蒙版、图层、色调和色彩、滤镜和图像的输入输出等功能，通过案例循序渐进地对 Photoshop 的技术进行了演示，最后通过 Photoshop 在广告、包装、网页和插画设计等领域综合实例的剖析，讲解了 Photoshop CS4 在平面设计领域中的应用。

本书内容编排合理，由浅入深，适合各类培训学校、大专院校作为相关课程的教材使用，也可供图像处理的初中级用户、平面设计人员和各行各业需要处理图像的人员作为参考书使用。

图书在版编目（CIP）数据

精通 Photoshop CS4 中文版/张昌飞，高伟　编著. —北京：清华大学出版社，2010.3

(Photoshop 平面设计与行业应用系列)

ISBN 978-7-302-21931-6

Ⅰ.①精… Ⅱ.①张… ②高… Ⅲ.①图形软件，Photoshop CS4 Ⅳ.①TP391.41

中国版本图书馆 CIP 数据核字(2010)第 017068 号

责任编辑：胡辰浩（huchenhao@263.net）　袁建华
装帧设计：孔祥丰
责任校对：成凤进
责任印制：孟凡玉

出版发行：清华大学出版社　　　　　　　　　地　　　址：北京清华大学学研大厦 A 座
　　　　　http://www.tup.com.cn　　　　　邮　　　编：100084
　　　　　社　总　机：010-62770175　　　邮　　　购：010-62786544
　　　　　投稿与读者服务：010-62776969，c-service@tup.tsinghua.edu.cn
　　　　　质　量　反　馈：010-62772015，zhiliang@tup.tsinghua.edu.cn
印　刷　者：北京市世界知识印刷厂
装　订　者：北京市密云县京文制本装订厂
经　　　销：全国新华书店
开　　　本：203×260　印　张：19.25　插　页：3　字　　数：569 千字
　　　　　附 DVD 光盘 1 张
版　　　次：2010 年 3 月第 1 版　　印　　　次：2010 年 3 月第 1 次印刷
印　　　数：1～5000
定　　　价：58.00 元

前　言

　　Photoshop是目前广告设计、网页设计、数码暗房、动画制作等诸多领域应用中应用最为广泛的图像处理和编辑软件。本书根据作者多年的教学和实践经验，立足于Photoshop CS4的软件基础知识和实际应用需要而编排。采用"基本命令讲解+案例实践"的教学方式，全面、系统地讲解了Photoshop CS4的各项基本功能、常用工具和命令的使用技巧。叙述由浅入深，通俗易懂，将知识点与实际案例紧密结合，是一本集系统性、实用性和易操作性于一体的培训教程。

　　此外，通过广告设计、包装设计、网页设计和插画绘制等专题的讲解，在介绍基础知识的基础上，详尽地介绍了相关设计领域中不同设计方向的关键技术和设计理念。且通过每个专题中的具体案例，充分讲解了相关的创意思想和操作技巧，让读者在学习技术知识的同时，掌握相关的设计理念。

　　本书着重突出了以下几个方面的特色。

　　* 由浅入深、通俗易懂，将基础知识与具体实例相结合，注重实际操作能力的培养。

　　* 立意新。书中选用了大量具有民族特色的实例进行讲解，例如青铜酒杯、青瓷花瓶、玉质手镯、江南水乡和水墨界面等内容。

　　* 领域广。本书概括了中文版Photoshop CS在广告设计、包装设计和游戏角色设计等各个领域，方便读者按照自己的需要来及时查找，使它成为身边必备的好帮手。

　　* 多媒体视频教学。长达14小时的多媒体视频教学文件，详细讲解了软件的新增功能、命令菜单和教学实例，极大地提高了读者的学习效率。

　　全书分为12章，共有近百个实例，各章的内容如下。

　　第1章介绍Photoshop的基础知识与基本操作方式，并通过APPLE音乐播放器和梦幻城堡两个实例介绍Photoshop制作的一般流程。

　　第2章介绍使用选框工具、套锁工具、魔术棒等工具创建规则与特殊选区的方法，并且在此基础上，介绍了选区的羽化、扩张、收缩等功能。

　　第3章介绍图层、蒙版与通道的创建与编辑方法。重点通过实例讲解将风景图片合成为冬日雪景等效果。

　　第4章重点介绍文本、形状与路径工具的使用方法和技巧。并通过几个实例，理论联系实际，使读者在实例中慢慢体会。

　　第5章介绍基本绘画工具的使用方法。通过使用基本绘画工具和技术，可以修饰图像、创建或编辑Alpha通道上的蒙版。通过使用画笔笔尖、画笔预设和许多画笔选项，可以发挥创造力以产生精美的绘画效果，或模拟使用传统介质进行绘画。

　　第6章向用户介绍在Photoshop中利用模糊、锐化、涂抹、减淡、加深以及海绵等工具对图像进行修饰的方法，以便产生需要的特殊效果。

　　第7章介绍图像的色彩处理方法。通过大量实例的讲解使读者掌握色彩调整方法，包括色彩平衡、亮度/对比度、调整色相/饱和度、颜色替换和去色等内容；学会色调调整技巧，包括色阶、自动色阶、曲线；熟悉反相、色调均化、阈值、色调分离等特殊色调控制方法。

第8章介绍滤镜的基础知识，包括滤镜的功能、抽出、液化和图案生成等内容。通过青铜和橙汁等实例重点讲解了路径工具与滤镜工具相结合的使用方法。

第9章讲解几个平面广告设计的综合案例，全面展示了如何在平面广告的设计与制作中灵活使用Photoshop的各种功能。每一个案例都渗透了平面广告创意与设计的理念，为读者提供了一个展示广告主题或产品的"临摹"蓝本。如果读者能够按书中的步骤完成每一个案例，就能够大幅度提高Photoshop应用技能和设计水平。

第10章介绍网页设计的综合实例。通过理论结合实例的方法，讲述了如何使用Photoshop CS进行网页设计制作。其中网站首页实例都从分析网站的特点开始，到网站的布局方式、颜色搭配，直至最后实现网站的整体效果。

第11章介绍包装设计的综合实例。先对包装理论知识进行讲解，再选取典型设计案例来讲解包装设计，介绍了包括纸质类包装、塑料类包装、陶瓷类包装等几大类实用的包装设计案例。

第12章介绍插画设计的综合实例。以新颖的方式围绕Photoshop绘画功能展开教学示范，将传统的科幻绘画技法与现代电脑技术相结合，充分展示了利用有限的绘图工具创造出令人耳目一新的作品。通过几个实际的插画绘制的案例，阐述了如何在作品中简洁地表达创作者的想法与情感。通过详细的绘画步骤引导，传授的独门秘籍，力求使读者迅速成为插画高手。

在本书的编写过程中，充分考虑到读者的需要，以"实用"为向导，用由浅入深、循序渐进的讲述方法，合理安排Photoshop知识点，并结合具有代表性的实例，使其具有很强的易读性、实用性和可操作性。

为了方便读者学习，本书附有DVD光盘，主要包括书中所有实例的素材文件、最终效果图形文件、多媒体教学文件，以及大量的笔刷和图片素材，可供读者练习使用。本书实例中使用了多种方正字体，因此读者在按照本书实例练习时最好是先在系统中安装方正字库，当然，也可根据自己的情况用其他相应的字体代替。

本书适合各类培训学校、大专院校作为相关课程的教材使用，也可供图像处理的初中级用户、平面设计人员和各行各业需要处理图像的人员作为参考书使用。

需要特别说明的是，本书实例中涉及了个别公司及商品的名称和形象，分别为各有关公司所有，本书引用纯属用于教学目的，也借此机会向有关公司致以谢忱。

除封面署名的作者外，参加本书编写的人员还有徐超、李佳宸、陈峥、张杰、祖伟民、陈溟鹏、汪伟、姚建设、张焱嘉、张晓龙、王升、贺国盛、单桐、胡杰、王长啸、于建军、王志刚等同志在整理材料方面给予了编者很大的帮助。在此，编者向他们表示感谢。由于作者水平有限，加之创作时间仓促，本属难免有不足之处，欢迎广大读者批评指正。我们的信箱是huchenhao@263.net，电话010-62796045。

编　者
2009年11月

目 录

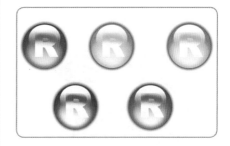

第3章 图层、蒙版与通道

第4章 文本与路径的应用

第5章　基本绘图工具的使用

第6章　图像的编辑与修改

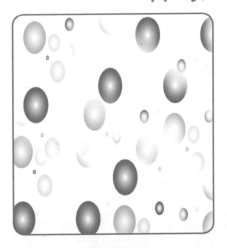

第7章 图像的色彩调整

第8章 滤镜的使用

第9章 广告设计

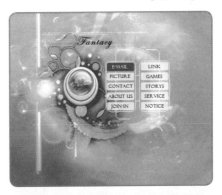

第1章　初识Photoshop

本章展现：

本章将学习Photoshop CS4新增功能，图形图像相关的基础知识，以及软件的初始设置方法，同时还将介绍一些Photoshop CS4的基础操作知识。

本章的主要内容如下：

- Photoshop CS4的新增功能
- 图像处理基础知识
- 图像的获取方式
- Photoshop的初始设置
- Photoshop的基础操作

1.1 Photoshop CS4新增功能全接触

在图像设计领域独领风骚，在数码影像处理中也久负盛名，备受广大业内外人士关注的Photoshop CS4终于和大家见面了。它同时兼具绘图、矫正图片及图像创作等多种功能，在它的协助下，用户可以创作出令人意想不到的神奇效果。下面就先来了解一下Photoshop CS4有哪些新增功能。

1.1.1 全新的界面体验

开启Photoshop后，即可看到全新设计的交互界面，如图1-1所示。Adobe公司将这一全新的界面设计应用于所有的CS4套件中，所以用户会在Illustrator、Indesign等软件里均可看到这一界面的变化。Photoshop CS4中的新增功能是非常多的，这里只列举出其中比较突出的几项，更多的新增功能要靠用户在具体的操作中去慢慢体会。

图1-1 Photoshop CS4界面

1. 文档组织功能

Adobe Photoshop CS4新的界面设计带给用户更大的编辑自由，菜单部分经过了重新的设计，图标简洁明快。全新的标签页的方式方便用户在不同文档间的切换，且可以通过Ctrl + Tab快捷键依次进行选择。

新版本的菜单栏中添加了 ▣▾ "文档组织"按钮，单击此按钮会弹出"文档组织"下拉列表，在此下拉列表中可以选择文本的排列方式，如图1-2所示的为选择3 up排列方式后的效果。此时，按住H键可以实现对单幅文档的拖动，按住Shift+H键可以实现对界面中3幅文档的整体拖动。

图1-2 3 up排列方式

2. 流体画布的旋转与缩放

Adobe Photoshop CS4使用了OpenGL视频加速功能，实现了对图像进行视图缩放时的平滑过渡效果。但是默认情况下OpenGL视频加速功能是处于关闭状态的，执行"编辑"|"首选项"|"性能"菜单命令，打开"首选项"对话框，在其中选中"启用OpenGL绘图"复选框，如图1-3所示，单击"确定"按钮保存设置后，重新启动Photoshop CS4，即可成功开启。

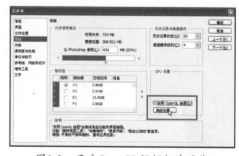

图1-3 开启OpenGL视频加速功能

此时，当文档放大到一定程度后，像素网格将保持实现缩放到个别像素时的清晰度，并以最高的放大率实现轻松编辑，如图1-4所示。

图1-4　像素网格高清显示

下Esc键或在工具箱中双击"旋转视觉工具"
即可退出。

图1-5　图像的旋转

此外，Adobe Photoshop CS4还可以顺畅地缩放和旋转图像。通过在菜单栏中单击"旋转视觉工具" 就可以实现在视觉上对图片的旋转，与此同时，选区等也将随之旋转，如图1-5所示，按

1.1.2　新增"调整"面板

Adobe Photoshop CS4新增了"调整"面板，如图1-6所示。此面板通过新建调整层对图像进行色调等方面的调整，而不会对原始图片造成影响。如图1-7所示的是图层面板中的显示状态。

图1-8　Mask蒙版面板

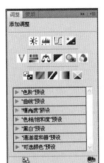 

图1-6　"调整"面板 图1-7 图层面板中的显示状态

1.1.3　新增"蒙版"面板

通过如图1-8所示的"蒙版"面板，用户可以快速创建和编辑蒙版。该面板提供用户需要的所有工具，它们可用于创建基于像素和矢量的可编辑蒙版、调整蒙版密度和轻松羽化、选择非相邻对象等。

1.1.4　增强的颜色校正功能

Adobe Photoshop CS4对于减淡、加深和海绵工具进行了重新设计，增加了 保护色调 "保护色调"选项，实现了在智能保留颜色和色调详细信息的基础上，进行颜色校正。例如在选中"减淡工具" 的情况下调整"暗调"的范围时，如图1-9中左图所示为增强前的效果，可以看到，调整效果不易控制，调整过的区域的画面效果遭到破坏；中间为原始图片；右图为增强后的颜色调整效果。

图1-9　颜色校正功能对比

1.1.5　其他新增功能

除了上面介绍的功能外，Adobe Photoshop CS4还包含以下的新增功能。

1. 图像自动混合功能

用户可以通过执行"编辑"｜"自动混合图层"菜单命令实现将曝光度、颜色和焦点各不相同的图像(可选择保留色调和颜色)合并为一个经过颜色校正的图像。

2. 智能的内容感知缩放

创新的全新内容感知型缩放功能可以通过执行"编辑"｜"内容感知缩放"菜单命令实现调整图像大小时自动重排图像，在图像调整为新的尺寸时智能保留重要区域。一步到位制作出完美图像，无需高强度裁剪与润饰。

3. 新的景深混合功能

使用增强的自动混合层命令，可以根据焦点不同的一系列照片轻松创建一个图像，该命令可以顺畅混合颜色和底纹，现在又延伸了景深，可自动校正晕影和镜头扭曲。

4. 更好的原始图像处理功能

使用行业领先的Adobe Photoshop Camera Raw 5 插件，在处理原始图像时实现出色的转换质量。该插件现在提供本地化的校正、裁剪后晕影、TIFF 和 JPEG 处理，以及对190 多种相机型号的支持。

5. 更强大的打印选项

借助出众的色彩管理、与先进打印机型号的紧密集成，以及预览溢色图像区域的能力实现卓越的打印效果。Mac OS上的16位打印支持提高了颜色深度和清晰度。

6. 更强大的三维功能

相对于Photoshop CS3的三维功能，Adobe Photoshop CS4对于三维功能的支持可谓发生了翻天覆地的变化。在工具箱中直接增加了控制三维对象和控制摄像机两组按钮。

通过执行3D｜"新建三维明信片"命令，可以直接把普通的图片转换为三维对象。通过执行3D｜"新建三维形状"命令，来导入一些预置的三维形状，并进行贴图，如图1-10所示为三维编辑环境。

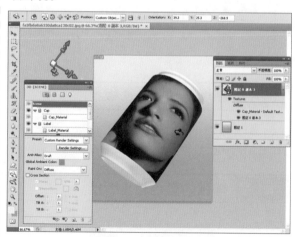

图1-10　三维编辑环境

1.2 图像处理基础知识

众所周知，Adobe Photoshop是一套专业的图像处理软件，要了解Photoshop必须先了解图像处理的意义。在这一节当中将要向用户介绍一些图像处理基础知识，例如不同的图像文件在显示上的区别，图像的分辨率与图像大小的关系，图像的文件格式等内容。

1.2.1 位图图片与矢量图片

在计算机中，图像是以数字方式记录、处理和保存的，所以图像也可以说是数字化图像。图像类型大致可以分为以下两种：矢量图形(向量式图形)与位图图像(点阵式图像)。这两种图像各有特色，也各有其优缺点。因此在图像处理过程中，往往需要将这两种类型的图像交叉运用，才能取长补短，使用户的作品更为完善。

1. 位图图像(点阵式图像)

位图图像(在技术上称作栅格图像)使用图片元素的矩形网格(像素)表现图像。每个像素都分配有特定的位置和颜色值。在处理位图图像时，所编辑的是像素，而不是对象或形状。位图图像是连续色调图像(如照片或数字绘画)最常用的电子媒介，因为它们可以更有效地表现阴影和颜色的细微层次。

位图图像与分辨率有关，也就是说，它们包含固定数量的像素。因此，如果在屏幕上以高缩放比率对它们进行缩放或以低于创建时的分辨率来打印它们，则将丢失其中的细节，并会呈现出锯齿，如图1-11所示。

图1-11 细节对比图

2. 矢量图形(向量式图形)

矢量图形(有时称作矢量形状或矢量对象)是由称作矢量的数学对象定义的直线和曲线构成的。矢量根据图像的几何特征对图像进行描述。

用户可以任意移动或修改矢量图形，而不会丢失细节或影响清晰度，因为矢量图形是与分辨率无关的，即当调整矢量图形的大小、将矢量图形打印到PostScript打印机、在PDF文件中保存矢量图形或将矢量图形导入到基于矢量的图形应用程序中时，矢量图形都将保持清晰的边缘。因此，对于将在各种输出媒体中按照不同大小使用的图稿(如徽标)，矢量图形是最佳选择。如图1-12所示为矢量图片的细节对比效果。

制作矢量式图形的软件有FreeHand、Illustrator、CorelDraw、AutoCAD、Flash等。

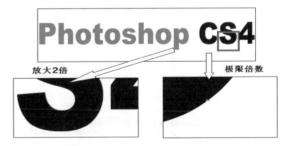

图1-12 矢量图细节对比

3. 颜色通道

每个Photoshop 图像都有一个或多个通道，每个通道中都存储了关于图像色素的信息。图像中的默认颜色通道数取决于图像的颜色模式。默认情况下，位图、灰度、双色调和索引颜色模式的图像有一个通道；RGB和Lab图像有3个通道；而CMYK图像有4个通道。

实际上，彩色图像中的通道是用于表示图像的每个颜色分量的灰度图像。例如，RGB 图像具有分别用于红色、绿色和蓝色值的单独通道。

除颜色通道外，也可以将Alpha通道添加到图像中,以便存储和编辑用作蒙版的选区,而且,还可以添加专色通道以便添加用于印刷的专色印版。更多的知识将在后面的学习中具体讲解。

4. 位深度

位深度用于指定图像中的每个像素可以使用的颜色信息数量。每个像素使用的信息位数越多,可用的颜色就越多,颜色表现就更准确。例如,位深度为1的图像的像素有两个可能的值:黑色和白色。位深度为8的图像有28(即 256)个可能

的值。位深度为8的灰度模式图像有256个可能的灰色值。

RGB 图像由3个颜色通道组成。8位/像素的RGB图像中的每个通道有256个可能的值,这意味着该图像有1600万个以上可能的颜色值。有时将带有8位/通道的 RGB 图像称作24位图像。除了8位/通道的图像之外,Photoshop 还可以处理包含16位/通道或32 位/通道的图像。包含32位/通道的图像也称作高动态范围(HDR)图像。

1.2.2　理解分辨率与图像大小的关系

1. 图像大小与分辨率

虽然像素的多少是决定文件大小的关键,但是像素的多少却不会影响打印或印刷出来的作品尺寸大小,因为Photoshop中分别设置了文件大小与打印尺寸。执行"图像"|"图像大小"命令,即可打开如图1-13所示的"图像大小"对话框,在这里可以观察文件的大小和分辨率的关系了。

在"像素大小"选项组中,用户可以看到"宽度"和"高度"所包含的像素数,取消选择"重定图像像素"复选框,则不能更改图片中的图像像素数量。对于宽度或高度,或者分辨率,一旦更改某一个值,其他两个值会发生相应的变化。像素大小等于文档(输出)大小乘以分辨率。

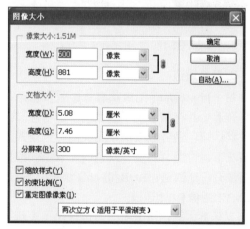

图1-13　"图像大小"对话框

2．文件大小

图像的文件大小是图像文件的数字大小,以千字节(K)、兆字节(MB)或千兆字节(GB)为度量单位。文件大小与图像的像素大小成正比。图像中包含的像素越多,在给定的打印尺寸上显示的细节也就越丰富,但需要的磁盘存储空间也会增多,而且编辑和打印的速度可能会更慢。因此,在图像品质(保留所需要的所有数据)和文件大小难以两全的情况下,图像分辨率成为了它们之间的折中办法。

影响文件大小的另一个因素是文件格式。由于GIF、JPEG和PNG文件格式使用的压缩方法各不相同,因此,即使像素大小相同,不同格式的文件大小差异也会很大。同样,图像中的颜色位深度,图层及通道的数目也会影响文件大小。

Photoshop支持的最大像素大小为每个图像300,000×300,000像素。该限定限制了图像可用的打印尺寸和分辨率。要使用半调网屏打印图像,则合适的图像分辨率范围取决于输出设备的网频。Photoshop可以根据输出设备的网频来确定建议使用的图像分辨率。

1.2.3 图像文件格式简介

在计算机绘图领域中，有相当多的图形图像处理软件，而不同的软件所保存的格式则是不尽相同的。不同的格式也有不同的优缺点，所以每一种格式都有它的独到之处。下面介绍几种主要的图像格式。

1．BMP(*.BMP)

BMP图像文件最早应用于微软公司推出的Windows系统。它支持RGB、索引色、灰度和位图色彩模式，但不支持Alpha通道。该文件格式还可以支持1～24bits的格式，对于使用Windows格式的4位和8位图像，还可以指定RLE(Run Length Encoding)压缩，这种压缩方案不会损失数据。

2．TIFF(*.TIIF)

TIFF格式的出现是为了便于应用软件之间进行图像数据交换。因此，TIFF格式应用非常广泛，可以在许多图像软件之间交换。它支持RGB、CMYK、Lab、索引色、位图模式和灰度模式等色彩模式，并且RGB、CMYK和灰度3种色彩模式下还支持Alpha通道。Photoshop CS4支持TIFF格式保留图层、通道和路径等信息存储文件。

3．PSD(*.PSD)

PSD格式是Adobe Photoshop生成的图像格式，也是Photoshop的默认格式。此格式可以包含有层、通道和色彩模式，并且还可以保存具有调节层、文本层的图像。保存图像时，若图像中包含有层，要用PSD格式保存。若要将具有层的PSD格式图像保存成其他格式的图像，则在保存之前需要先将层合并(Photoshop中TIFF格式的文件除外)。

PSD格式是唯一支持所有可用图像模式(位图、灰度、双色调、索引色、RGB、CMYK、Lab和多通道)、参考线、Alpha通道、专色通道和图层(包括调整图层、文字图层和图层效果)的格式。

PSD格式由于包含较多的图像信息，所以它的文件要比其他的格式大。但是，由于PSD文件包含有图层，所以便于修改。

4．GIF(*.GIF)

图形交换格式(GIF)是World Wide Web及其他联机服务上常用的一种文件格式，用于显示超文本标记语言(HTML)文档中的索引颜色图形和图像。GIF格式保留索引颜色图像中的透明度，但不支持Alpha通道。GIF格式使用8位颜色，并在保留锐化细节(如艺术线条、徽标或带文字的插图)的同时，有效地压缩实色区域。

GIF格式使用LZW压缩，它是无损耗的压缩方法。但是，因为GIF文件只有256种颜色，故将原24位图像优化为8位GIF图像时会导致颜色信息丢失。另外，Photoshop和Image Ready允许对GIF文件应用损耗压缩。使用"损耗"选项可通过牺牲一定的图像品质来生成显著减小的文件。

GIF支持背景透明度和背景杂边，可将图像边缘与Web页的背景色混合。还可以使用GIF格式创建动画图像。大多数浏览器都支持GIF格式。

5．JPEG(*.JPG)

联合图片专家组(JPEG)格式的图像通常用于图像预览和一些超文本文档(HTML文档)中。JPEG格式支持24位颜色，并保留照片和其他连续色调图像中存在的亮度和色相变化。JPEG格式的最大特色就是文件比较小，图像可以进行高倍压缩，是目前所有图像格式中压缩率最高的格式。JPEG保留RGB图像中的所有颜色信息，但通过有选择地扔掉数据来压缩文件大小。因为它会弃用数据，故把JPEG压缩称为有损压缩。JPEG压缩方法会降低图像中细节的清晰度，尤其是包含文字或矢量图形的图像。

JPEG图像在打开时自动解压缩。压缩的级别越高，得到的图像品质越低；而压缩的级别越低，得到的图像品质越高。在大多数情况下，"最佳"品质选项产生的结果与原图像几乎无分别。JPEG支持CMYK、RGB和灰度的色彩模式，但不支持Alpha通道。

6. 其他图像格式

除上述5种图像格式以外，图像的格式还有以下几种。

- **PCX格式**：早期的图像格式，比PSD文件还要庞大。
- **EPS格式**：一种通用的行业标准格式，同时包含像素和矢量信息，可以直接输出四色网片，不支持Alpha通道。
- **DCS格式**：只有CMYK模式的文件才可以存储的格式，分DCS 1.0和DCS 2.0两种。
- **PDF格式**：一种跨平台的文件格式，Adobe Illustrator、Adobe PageMaker及Adobe Photoshop中都可以直接存储为此种格式，不支持Alpha通道。
- **PNG格式**：是网络上的一种新的文件格式，采用无丢失压缩方式，支持24位的图像，可以生成透明背景，是JPEG和GIF两种格式的最好结合。
- **PICT格式**：Macintosh平台的常用格式，支持一个Alpha通道的RGB模式图像。
- **TARGA格式**：专门用于True vision视频卡的系统的格式。
- **PIXAR格式**：专门为Pixar图像计算机交换文件而设计的，如三维图像、动画等。
- **RAW格式**：用于应用程序和计算机平台之间传递的图像文件格式。

1.2.4 图像的色彩模式

颜色是大自然景观必不可少的组成部分，无论是在万紫千红的高山和田野，还是在千变万化的宇宙，都可以见到各种不同颜色的漂亮景观。在计算机的图像世界里要用一些简单的数据来描述色彩是很困难的，人们定义出许多种不同的模式来定义色彩。图像的色彩模式就是指图像在显示及打印时定义颜色的不同方式。不同的色彩模式所定义的颜色范围不同，用法也不同。

在Photoshop中使用了数种不同的颜色系统，这些系统可以在打开的新文件的控制面板里设置。在Photoshop中执行"文件"｜"新建"命令，即可打开如图1-14所示的"新建"对话框，然后在"模式"下拉列表中即可设置所要选择的颜色模式。

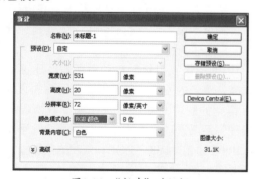

图1-14 "新建"对话框

其实所谓的色彩模式，就是原色通道(Channel)组合方式不同而已，在Photoshop中执行"图像"｜"模式"命令，可展开如图1-15所示的列表，常用的色彩模式有以下几种。

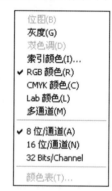

图1-15 颜色模式列表

1. RGB模式

RGB模式是Photoshop中最常用的一种色彩模式，不管是扫描输入的图像，还是绘制的图像，几乎都是以RGB模式存储的。新建的Photoshop图像的默认模式也为RGB模式。Photoshop的RGB模式使用RGB模型，为彩色图像中每个像素的RGB分量指定一个介于0(黑色)到255(白色)之间的强度值。例如，亮红色可能R值为246，G值为20，而B值为50。当所有这三个分量的值相等时，所得结果是中性色——灰色。当所有分量的值均为255时，结果是纯白色；当这三个值都为0时，结果是纯黑色。

RGB模式由红(Red)、绿(Green)和蓝(Blue)3种原色组合而成，然后由这3种原色混合出各种色彩。RGB图像通过3种颜色或通道，可以在屏幕上重新生成多达1670万种颜色；这3个通道转换为每像素24位(8×3)的颜色信息(在16位／通道的图像中，这些通道转换为每像素48位(16×3)的颜色信息，具有再现更多颜色的能力)。

RGB模式的优点：在RGB模式下处理图像很方便，而且RGB模式图像比CMYK模式图像要小得多，可以节省内存与空间。在RGB模式下还可以使用Photoshop软件所有的命令和滤镜。

计算机显示器也使用RGB模型显示颜色。这意味着当在非RGB颜色模式(如CMYK模式)下工作时，Photoshop将临时使用RGB模式进行屏幕显示。

2. CMYK模式

CMYK模式是一种印刷模式，与RGB模式产生色彩的方式不同。RGB模式产生色彩的方式是加色，而CMYK模式产生色彩的方式是减色。

CMYK模式由青色(Cyan)、洋红色(Magenta)、黄色(Yellow)和黑色(Black)4种原色组合而成。

在Photoshop的CMYK模式中，为每个像素的每种印刷油墨指定一个百分比值。为最亮(高光)颜色指定的印刷油墨颜色百分比较低，而为较暗(暗调)颜色指定的百分比较高。例如，亮红色包含2%青色、93%洋红、90%黄色和0%黑色。在CMYK图像中，当4种分量的值均为0%时就会产生纯白色。

在准备用印刷色打印图像时，应使用CMYK模式。将RGB图像转换为CMYK即产生分色。如果由RGB图像开始，最好先编辑，然后再转换为CMYK。在RGB模式下，可以使用"校样设置"命令模拟CMYK转换后的效果，而无需真正更改图像数据。CMYK模式的文件大，需占用较多的内存和存储空间。

3. 灰度模式

灰度模式的图像是灰色图像，它可以表现出丰富的色调、生动的形态和景观。该模式使用多达256级灰度。灰度图像中的每个像素都有一个由0(黑色)到255(白色)之间的亮度值。灰度值也可以用黑色油墨覆盖的百分比来度量(0%等于白色，100%等于黑色)。利用256种色调可以使黑白图像表现得很完美。

灰度模式的图像可以直接转换成位图模式的图像和RGB模式的彩色图像，同样，黑白图像和彩色图像也可以直接转换为灰色图像。当RGB彩色图像转换为灰色图像时，将丢掉颜色信息，所以将RGB彩色图像转换为灰色图像，再由灰色图像转换为RGB图像时，显示出来的图像不再是彩色。

灰度图像也可转换为CMYK图像或Lab彩色图像。

4. 多通道模式

用户可以将任何一个由多个通道组成的图像转换为多通道模式，该模式的每个通道使用256级灰度。将颜色图像转换为多通道模式时，新的灰度信息基于每个通道中像素的颜色值。原图像中的通道在转换后的图像中成为专色通道。将CMYK图像转换为多通道模式可以创建青色、洋红、黄色和黑色专色通道。将RGB图像转换为多通道模式可以创建青色、洋红和黄色专色通道。如果用户删除了RGB、CMYK或Lab图像中的一条通道，图像会自动转换为多通道模式的图像。要输出多通道图像，请以Photoshop CS 2.0格式存储图像。

5. Lab模式

Lab模式是Photoshop内定的色彩模式，它主要用于在色彩模式转换时作为一个中间的过渡模式，而且它是在Photoshop后台进行的，通常情况下不使用此模式。

6. 索引模式

此模式记录的图像色彩最多只能容纳256色。图像中所使用到的每一种颜色都会产生一个调色板，选用此模式后，由于大幅减少了所需记录的颜色信息，因此可有效减少文件规模，在保存GIF格式文件时一定要使用索引颜色模式。

图1-16 "索引颜色"对话框

值得注意的是,将图片转换为"灰度模式"或"RGB色彩模式"之后才能转换为此模式,当由RGB色彩模式转换为此模式时,就会出现"索引颜色"对话框,如图1-16所示,在此可以进行相关设置。

1.3 图像的获取方式

把自然的影像转换成数字化图像就是"图像的获取"过程,该过程的实质是进行模/数(A/D)转换,即通过相应的设备和软件,把自然影像模拟量转换成能够用计算机处理的数字量。图像通常用扫描仪、数码照相机直接获取,还可从互联网、光盘图片库等来源获取。

1. 数字图像的获取方式

1) 数字图像库的利用

目前存贮在CD–ROM光盘上和Internet网络上的数字图像库越来越多,这些图像的内容较丰富,图像尺寸和图像深度可选的范围也较广。利用CD–ROM上的数字图像的特点是图像的质量完全可以满足一般用户的要求,但图像的内容也许不具备用户的创意设计。用户可根据需要选择已有的数字图像,或再作进一步的编辑和处理。

2) 用绘图软件创建数字图像

目前Windows环境下的大部分图像编辑软件都具有一定的绘图功能。这些软件大多具有较强的功能和很好的图形用户接口,还可以利用鼠标、画笔及数字化板来绘制各种图形,并进行色彩、文理、图案等的填充和加工处理。对于一些小型的图形、图标、按钮等直接制作很方便,但这不足以描述自然景物和人像。也有一些较专业的绘画软件,通过数字化画板和画笔在屏幕上绘画。这种软件要求绘画者具有一定美术知识及创意基础,而且大多基于MAC苹果机。

3) 用数字化设备摄入数字图像

目前可与微机相连的数字化摄入设备包括数字照相机和数字摄像机。用这些数字设备可以直接拍摄任何自然景象,按数字格式存储。数字照相机和摄像机都带有标准接口与微机相连,通过连接转换软件可以将拍摄的数字图像和影像数据转换成微机中的图像文件和影像文件。虽然其光学性能还不能与传统照相机和摄像机相比,但由于其数字性能及其与计算机、网络化的发展相适应,其发展前景十分看好。

4) 用数字转换设备采集数字图像

这种方式是将模拟图像转换成数字图像数据。影像或视频可通过视频采集卡转换。对于平面图像而言,最常用的设备是扫描仪,它可以将各种照片、平面图画、幻灯片、艺术作品等变换成不同质量的数字图像。

2. 图像扫描技术

图像扫描借助于扫描仪进行,其图像质量主要依靠正确的扫描方法、设定正确的扫描参数、选择合适的颜色深度,以及后期的技术处理。各种图像处理软件中,均可启动TWAIN扫描驱动程序。不同厂家的扫描驱动程序各具特色,扩充功能也有所不同。

扫描时,可选择不同的分辨率进行,分辨率的数值越大,图像的细节部分越清晰,但是图形的数据量会越大。表1-1列出了图像在不同场合的分辨率数值。

表1-1 图像在不同场合的分辨率数值

分辨率/dpi	应用场合
96	Windows环境的信息显示
300	普通彩色印刷
600	高级彩色印刷
720-2880	彩色喷墨打印输出
1200-4800	照片底片扫描

3. 扫描的基本原理

常用的扫描仪包括手持式、平板式和大幅面的滚筒式三类

● 手持式扫描仪

其扫描宽度与其本身相当，一般比较窄，性能比较简单。手持式也有不同档次，包括黑白、灰度和彩色扫描仪，分辨率可以从几十dpi到300 dpi以上。

● 平板式扫描仪

平板式也称台式，其性能比较高，可达到A4以上的扫描幅面，分辨率最高达2000 dpi以上，图像深度为24位。高质量的扫描仪还可以直接扫负片。

● 大幅面滚筒式

一般用于专业级的扫描，用于广告出版业。如Color Getter 3 Pro Turbo大幅面滚筒式桌面彩色扫描仪，其扫描面积为29.7×38.1厘米，分辨率达8128线。

1.4 Photoshop的初始设置

1.4.1 初识Photoshop

在图像设计领域独领风骚，在数码影像处理中也久负盛名，备受广大业内外人士关注的Photoshop CS4终于和大家见面了。它同时兼具绘图、矫正图片及图像创作等多种功能，在它的协助下，用户可以创作出令人意想不到的神奇效果。

打开Photoshop，没有任何图片的蓝色启动界面给人以非常清新悦目的感觉，如图1-17所示。

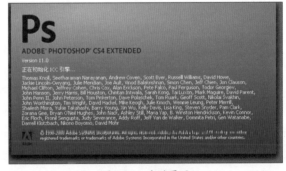

图1-17 启动界面

1.4.2 工作区概述

工作区是用户可以使用各种元素(如面板、栏以及窗口)来创建和处理文档和文件的区域。用户可以使用面板、工具栏以及窗口等各种元素来创建和处理文档和文件。这些元素的任何排列方式均称为工作区。首次启动Photoshop CS4组件时，会看到默认工作区，用户可以针对自己的工作习惯和执行任务的不同对其进行自定。例如，可以创建一个用于编辑的工作区以及另一个用于查看的工作区，分别存储这两个工作区，并在工作时在它们之间进行切换。执行"窗口"｜"工作区"｜"默认工作区"菜单命令即可恢复默认工作区。

如图1-18所示即为默认Photoshop工作区的各项的具体位置。

图1-18　默认Photoshop工作区

- 标题栏：Adobe Photoshop CS4的标题栏进行了重新设计，设置了文档的缩放和旋转等的快捷按钮。
- 菜单栏：它用于组织菜单下面的命令。

使用鼠标单击各项命令，可以打开该命令的下拉式菜单。在弹出的菜单中可以选择子命令，以执行该命令或打开该命令的对话框。

- "工具"面板(工具箱)：它包含创建和编辑图像、图稿、页面元素等的工具。

默认状态下的工具箱位于操作界面的左侧。绘制以及修改图像时使用的所有工具都保存在工具箱中。使用鼠标单击工具箱中的工具图标可以选择该工具，如果工具图标右下角有黑色三角标志，说明还有工具隐藏其中，如图1-19所示。

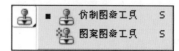

图1-19　展开的工具列表

- 选项栏：它用于显示当前所选工具的选项。

在"工具"面板中选择一种工具后，可以在Photoshop的窗口操作界面上方的工具选项栏中自定义工具的属性，如图1-20所示。Photoshop将工具选项面板横行放置在工作界面上方，节省空间，并让使用者更清楚且更简易地设置它。

图1-20　默认Photoshop工作区

- "文档"窗口：它用于显示正在使用的文件。其文档标题中将显示文件名、缩放比例，括号内显示当前所选图层名、色彩模式、通道位数。
- 浮动面板：它可帮助用户监视和修改工作区中的内容。

浮动面板包括了导航器面板、信息面板、历史纪录面板、动作面板、工具面板、图层面板、路径面板、通道面板、颜色面板、色标面板、图层样式面板等。

1.4.3　使用预设管理器

预设管理器允许用户管理Photoshop随附的预设画笔、色板、渐变、样式、图案、等高线、自定形状和预设工具的库。例如，可以使用预设管理器来更改当前的预设项目集或创建新库。在预设管理器中载入了某个库后，将能够在诸如选项栏、调板、对话框等位置中访问该库的项目。

通常，当用户更改预设时，Photoshop将提示将更改存储为新预设，以便原始预设和更改的预设都保持可用。要打开预设管理器，只要执行"编辑"｜"预设管理器"菜单命令，打开如图1-21所示的"预设管理器"面板。从"预设类型"菜单中选取一个选项，即可切换到特定预设类型。要删除预设管理器中的某个预设，请选择

该预设并单击"删除"按钮。当然，用户始终能够使用"复位"命令来恢复库中的默认项目。

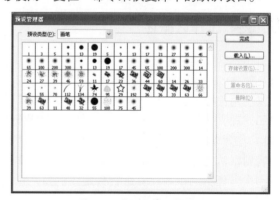

图1-21　"预设管理器"面板

要改变某个预设，只要单击"预设类型"弹出式菜单右边的三角形，然后从快捷菜单的底部选取一个库文件，在弹出的如图1-22所示的对话框中单击"好"按钮即可替换当前列表，或者单击"追加"按钮就可以继续添加当前列表。每种类型的库具有其自己的文件扩展名和默认文件夹。

图1-22　"预设管理器"对话框

1.4.4　设置预置

许多程序设置都存储在Adobe Photoshop CS4 Prefs 文件夹中，其中包括常规显示选项、文件存储选项、性能选项、光标选项、透明度选项、文字选项以及用于增效工具和暂存盘的选项。其中大多数选项都是在"首选项"对话框中设置的。

执行"编辑"｜"首选项"菜单命令，然后从子菜单中选择所需的预置的项目即可打开如图1-23所示的"首选项"对话框。如果要在不同的首选项组之间切换，只要从对话框左侧的菜单中

选择相应的首选项组即可。

图1-23　"首选项"对话框

1.5　Photoshop的基本操作

photoshop作为一个图形处理软件。绘图和处理图像都是它的强项，但是在掌握这些技能之前首先要学习和掌握基本的文件操作方法，如新建、打开和保存文件等。

1.5.1　新建文件

如果需要在一个新的图像中来进行创作，用户首先要新建文件，下面就来讲解具体操作步骤。

打开软件后，执行"文件"｜"新建"命令，或按下Ctrl+N组合键，打开"新建"对话框，如图1-24所示。在"名称"文本框中输入新

的文件名称，如果不输入，则默认文件名为"未标题-1"。

接下来在"预设"下拉列表中选择一个图像预设尺寸，或直接在"宽度"和"高度"文本框中输入宽度和高度数值，在"分辨率"右边的列表框中选择分辨率单位，然后即可在左侧的列表

框中输入分辨率。

最后在"模式"下拉列表中选择图形的颜色模式，在"背景内容"下拉列表中设置新图像的背景颜色。设置完各项数值后单击"确定"按钮新建文件。

图1-24 "新建"对话框

1.5.2 打开文件

如果需要对原来的图像进行修改和编辑，必须先打开文件，用户可以通过多种方法打开图像，较为常见的有如下方法。

执行"文件"｜"打开"命令，打开"打开"对话框，如图1-25所示。

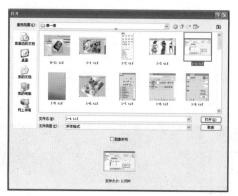

图1-25 "打开"对话框

在"查找范围"下拉列表中查找文件所放置的位置。

在"文件类型"下拉列表中选择要打开图像的文件格式，然后选中需要的文件，单击"打开"按钮即可打开文件。

此外，用户还可以执行"文件"｜"打开为"命令，打开"打开为"对话框，然后在该对话框的下拉列表框中选择需要打开的图像格式即可，使用此方法只能打开用户指定格式的图像。

1.5.3 文件的保存与关闭

绘制好一个复杂的图形后，用户如果要保留文件日后再用，就必须将文件保存到硬盘上，在图形设计过程中要不断做保存的操作，否则如果电脑突然断电，所做的工作结果将全部丢失。

1. 保存文件

执行"文件"｜"存储"命令或按下Ctrl+S组合键打开"存储为"对话框，如图1-26所示。

图1-26 "存储为"对话框

在"文件名"输入框中输入文件名称，在"格式"下拉列表中设置文件的格式，默认格式是PSD格式。

在"存储选项"选项组中设置是否保存文件的副本。是否保存图像中的注释内容、是否保存图像中的通道和专色的内容、是否保存图层的内容等，若这些复选框以灰色显示，则表示该文件中没有相对应的数据信息，设置完毕后单击"保存"按钮即可。

如果用户需要将当前图形以其他格式保存，可以执行"文件"｜"存储为"命令，在"格式"下拉列表中设置文件的格式，然后单击"保存"按钮即可。

2. 关闭文件

执行"文件"｜"关闭"命令，系统将弹出提示保存文件的对话框，如图1-27所示。

如果想保存修改后的文件，单击"是"按钮即可，否则请单击"否"按钮，如果现在还不想退出该系统请单击"取消"按钮。

图1-27　询问对话框

图1-28　窗口显示模式下拉列表

1.5.4　图像窗口显示模式的切换

在Photoshop工具箱中提供了3种不同的屏幕显示方式，在"标题栏"中单击■▼"窗口显示模式"按钮，就可以在展开的下拉列表中进行选择，如图1-28所示，分别是"标准屏幕模式"、"带有菜单栏的全屏模式"和"全屏模式"。

1. 标准屏幕模式

选择"标准屏幕模式"，可以切换到标准屏幕模式显示，该模式是默认情况下的模式，再此模式下可以显示标题栏、菜单栏和状态栏等所有组件。

2. 带有菜单栏的全屏模式

选择"带有菜单栏的全屏模式"，可以切换到带有菜单栏的全屏模式显示，在该模式下不显示标题栏与状态栏，只显示菜单栏，效果如图1-29所示。

3. 全屏模式

选择"全屏模式"，可以切换到全屏模式显示，在该模式下将使图像窗口占满整个屏幕，而且图像之外的区域以黑色显示，如图1-30所示。

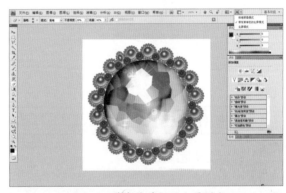

图1-29　带有菜单栏的全屏模式

图1-30　全屏模式

1.6 APPLE音乐播放器

本书在前面介绍了一些Photoshop CS4相关的基础知识和相关概念，下面通过简单实例的讲解来对Photoshop的基本制作流程有一个总体的认识，其中一些工具的具体使用方法将在后面的章节中进行讲解。

1.6.1 实例分析与效果预览

本实例将要绘制一个APPLE音乐播放器，效果如图1-31所示。通过本实例的制作主要使用户熟悉一般物品的手绘过程，对Photoshop CS4的基本操作有一个大体的了解。在本实例中主要涉及矩形工具、填充工具、选框工具、路径工具等内容的使用方法。

图1-32 "新建"对话框

图1-31 APPLE音乐播放器效果图

1.6.2 制作方法

1. 绘制主体框架图

首先要新建一个文件。执行"文件"|"新建"命令，在弹出的如图1-32所示的"新建"对话框中设置文件大小为454×340像素，在"名称"文本框中输入文件名"APPLE音乐播放器"，单击"确定"按钮保存设置。

在工具箱中单击 "圆角矩形"按钮，如图1-33所示，然后在"选项栏"中设置 半径: 35 px "半径"选项的数值为35像素，绘制一个圆角矩形，如图1-34所示。此时，在"路径"面板中就会显示一个工作路径，如图1-35所示。

图1-34 绘制圆角矩形

图1-33 选择工具

图1-35 "路径"面板

此时，在"路径"面板中单击  "将路径作为选区"按钮，即可将路径转换为选区，如图1-36所示。

回到"图层"面板，单击 📄 "创建新图层"按钮，新建一层。然后将 ■ "前景色"设置为"黑色"，在工具箱中单击 🪣 "油漆桶"工具，为选区填充颜色。效果如图1-37所示。

图1-36 将路径转换为选区

图1-37 填充效果

因为物体都是有透视的，所以接下来要调整圆角矩形的角度。选中此图层，然后执行"编辑"｜"变换路径"｜"旋转"命令，当鼠标变为旋转符号后按下鼠标左键调整角度，如图1-38所示。

接下来将图层拖动到 📄 "创建新图层"按钮上新建一层，选中新复制的图层，使用 ➕ "选择工具"调整此层到如图1-39所示的位置。

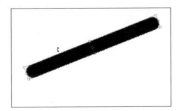

图1-38 旋转效果

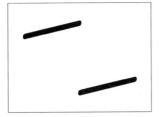

图1-39 调整复制图层的位置

在"路径"面板中新建一层，在工具箱中单击 🖊 "钢笔工具"按钮，如图1-40所示。绘制出如图1-41所示的矩形图形。

图1-40 选择"钢笔工具"

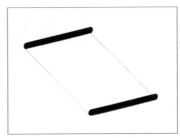

图1-41 绘制路径

使用与前面相同的方法将路径转化为选区，然后将"前景色"设置为"灰色"(R：95，G：95，B：95)，并填充颜色。然后将此层复制一层，并调节它们的位置，如图1-42所示。

图1-42 复制层并调整位置

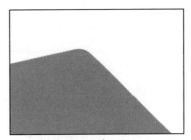

图1-43 制作圆角

此时，按住Ctrl键的同时在最初的圆角矩形图层上单击，激活选区。执行"选择"｜"反向"命令，然后选中矩形图形所在的图层，使用 🩹 "橡皮擦"工具为矩形擦出一个圆角，如图

1-43所示。

按下Ctrl+Alt组合键的同时分别单击圆角矩形图层和圆角矩形所在的图层，激活它们的选区，然后新建一个图层填充深灰色，如图1-44所示。

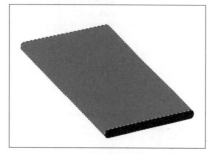

图1-44　激活选区并填充颜色

图1-45　"渐变编辑器"对话框

新建一个图层，然后单击▣"渐变工具"按钮，然后在"选项栏"中单击▭▼"可编辑渐变"按钮，在弹出的如图1-45所示的"渐变编辑器"对话框中设置好要填充的颜色，然后回到图层中进行填充，填充后的效果如图1-46所示。

图1-46　激活选区并填充颜色

图1-47　选择不同的图层模式的效果

将刚刚填充的渐变层复制一层，然后在图层面板的"图层模式"下拉列表中选择"滤色"模式，效果如图1-47所示。

接下来按住Ctrl键的同时单击图1-41中所示的图层，然后执行"选择"｜"修改"｜"收缩"命令，在弹出的如图1-48所示的对话框中输入数值1，然后新建一层，填充浅灰色(R：242，G：242，B：242)，效果如图1-49所示。

图1-48　"收缩选区"对话框

图1-49　填充效果

2. 绘制装饰效果与功能键

新建一个图层并在工具箱中单击◯"椭圆选框工具"按钮，然后在按住Shift键的同时绘制一个正圆并填充浅灰色，执行Ctrl+T组合键，调整圆形的角度与位置，如图1-50所示。

图1-50　调整圆形

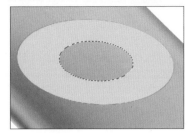

图1-51 镂空效果

将圆形所在图层复制一层，同样执行Ctrl+T组合键，并在按住Shift键的同时缩小文件的大小到50%，然后激活选区，回到大圆所在的图层中单击Delete键删除内容，同时将小圆图层删除，实现镂空效果，并保持选区，如图1-51所示。

执行"编辑" | "描边"命令，在弹出的如图1-52所示的菜单中设置"宽度"为1，设置颜色为"深灰色"，然后单击"确定"按钮保存设置。

图1-52 描边效果

图1-53 镂空效果

新建一层，执行"选择" | "修改" | "扩展"命令，在弹出的如图1-53所示的"扩展选区"对话框中设置数值为1。同样执行"编辑" | "描边"命令，在弹出的菜单中设置"宽度"为2，设置颜色为"白色"，然后单击"确定"按钮保存设置。然后单击 "橡皮擦"工具，将不需要的部分擦除，绘制完成的效果如图1-54所示。

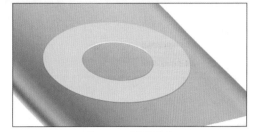

图1-54 制作厚度

图1-55 绘制显示屏

使用同样的原理绘制出显示屏和其他组合部件，效果分别如图1-55和1-56所示。

最后按照前面介绍的方法添加按键、文字和背景，效果如图1-57所示。最终效果如图1-31所示。

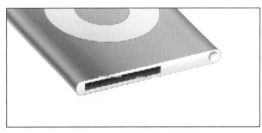

图1-56 其他部件的绘制

图1-57 添加按键与文字

读书笔记

第2章　选区的创建与控制

本章展现：

本章将学习创建和应用选区的重要意义和实现方法，以及编辑选区、用选区灵活处理产生各种图像效果等内容。重点讲解创建规则选区和不规则选区的方法以及特殊选区的创建与修改方法。并且在创建基础选区范围的基础上，介绍选区的羽化、扩张、收缩等功能。

本章的主要内容如下：

- 规则选区的创建
- 不规则选区的创建
- 魔术棒和颜色选取工具的使用
- 选区的编辑技巧

2.1 选区的创建

选区用于分离图像的一个或多个部分。通过选择特定区域，用户可以在特定区域编辑和应用滤镜并将其应用于图像的局部，同时保持未选定区域不会被改动。

Photoshop提供了单独的工具组，用于建立栅格数据选区和矢量数据选区。例如，若要选择像素，可以使用 [□] "选框工具"或 [○] "套索工具"。也可以执行"选择"菜单中的命令选择全部像素、取消选择或重新选择。要选择矢量数据，可以使用 [✎] "钢笔工具"或 [○] "形状工具"，这些工具将生成名为路径的精确轮廓。用户可以将路径转换为选区或将选区转换为路径。

2.1.1 规则选区的创建

要创建规则的选区，首先在工具箱中选定合适的选框工具，这些工具包括 [□] "矩形选框工具"、[○] "椭圆形选框工具"、[═] "单行选框工具"和 [▯] "单列选框工具"，如图2-1所示。

图2-1　选框工具组

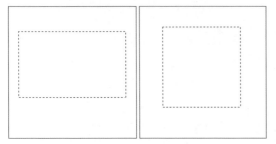

图2-2　绘制矩形选区(左图为矩形选区，
右图为正方形选区)

1. 矩形选框的创建

矩形选框工具用于选取矩形或正方形区域，在工具箱中单击 [□] "矩形选框工具"按钮，然后拖动鼠标即可绘制出矩形区域，按住Shift键的同时拖动鼠标就可以得到正方形选区，如图2-2所示。

用户选择了"矩形选框工具"时，在"选项栏"中即可自动出现矩形选区工具的属性，如图2-3所示。

图2-3　矩形选区属性栏

在工具栏中有4种选择方式，分别如下。

[■] "新选区"选项：用于选择新的区域。

[□] "添加到选区"选项：在原有的区域上增加新的选择区域。

[□] "从选区中减去"选项：在原有的选区中减去新的选择区域或与原来的区域相交的部分。

[□] "与选区交叉"选项：新的区域与原有的区域相交的部分。

设置"羽化"选项可以对选项进行柔化，使边界产生过渡效果，其数值的有效范围在0~250之间，如图2-4所示的即为羽化前后的对比情况，左图为羽化前的效果，右图为羽化了20像素后的效果。

图2-4　羽化前后对比效果

2. 椭圆形选框的创建

椭圆形选框工具可以建立圆形或椭圆形的选区，在工具箱中单击 [○] "椭圆形选框工具"按钮，然后拖动鼠标至窗口内滑动即可绘制出椭圆形区域，按住Shift键的同时拖动鼠标就可以得到圆形选区，如图2-5所示。

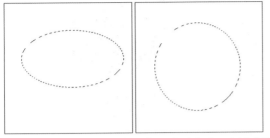

图2-5　绘制椭圆形选区(左图为椭圆形选区，右图为圆形选区)

"式样"选项用来设置拉出选框的形状，在工具栏中有3种不同的式样，分别是"正常"、"固定长宽比"和"固定大小"选项。

● "正常"选项：此状态最为常用，可以选择任意大小，形状的长方形或椭圆形区域。

● "固定长宽比"选项：在此种状态下可以设定选区范围的宽和高的比例，默认状态下为1:1，用户可以自己设置其数值。

● "固定大小"选项：在此状态下，选取范围的大小由宽度和高度输入框的数值决定，数值设置后单击鼠标就能得到大小一定的选区。

3. 单行选框和单列选框的创建

单行和单列选区工具的使用不是很频繁，它们只能建立高为1像素或宽为1像素的选区，用户在工具箱中单击 [ ] "单行选框工具"或 [ ] "单列选框工具"，然后在窗口中单击即可得到选区。

2.1.2　不规则选区的创建

建立不规则选区可以使用"套索工具"、"魔术棒工具"和"色彩范围"命令，下面就具体来介绍一下。

1. 手控套索工具

有时，用户要制作特定形状的选区，这样的选区在为卡通画填色时经常要被用到，这时就要用套索类工具。利用 [ ] "手控套索工具"可以在图像中以自由手控的方式选择选区。由于它可以选择出极其不规则的形状，因此一般用于选择一些无规则、外形复杂的图形。当使用 [ ] "手控套索工具"的同时按住Alt键，则 [ ] "手控套索工具"暂时变为 [ ] "多边形套索工具"。

用户使用 [ ] "手控套索工具"在图像的当前图层上按要求的形状进行拖拽，像使用画笔工具一样画出一条虚线来围成所需的选区。当用户放开鼠标左键时，虚线的起点和终点之间会自动用一条直线连接，形成封闭选区，如图2-6所示。

图2-6　手控套索工具绘制选区

2. 多边形套索工具

利用 [ ] "多边形套索"工具可以在图像中或某一个单独的图层中，以自由手控的方法选中多边形不规则选择。用户使用  "多边形套索工具" 在图像的当前图层上按要求的形状进行单击，所单击的点将成为直线的拐点。最后，当用户双击时，将自动封闭多边形并形成选区，如图2-7所示。

3. 磁性套索工具

"磁性套索工具" 应用于在图像中或某一个单独的图层中，以图像中选择区域和其周围区域的颜色差异为依据进行选取操作。磁性套索工具既有其他套索工具在使用上的方便性，又有路径选择的精确度，因此该工具在进行复杂图像编辑时是离不开的有力工具。使用 "磁性套索工具" 所选的图形与背景的反差越大，选取的精确度就越高。

用户只要将鼠标的指针靠近所要选择区域的边缘，并沿着区域的边缘移动，这样曲线将自动吸附在不同色彩的分界线上。最后双击鼠标左键，曲线将自动封闭。

图2-7　多边形套索工具

2.1.3　魔术棒工具的使用

有时，用户需要选取图像中一个被某些相同或相近的颜色所填充的区域，这时就要用到 "魔术棒工具" 了。 "魔术棒工具" 是Photoshop中应用得非常广泛的一种选择工具，而且它在使用上也非常的便利。在魔术棒工具的使用过程中，用户只要在想要选择的位置上单击要选择的色块即可，这时在被单击的像素的周围拥有相同或相近颜色的像素点都将被选中。在使用 "魔术棒工具" 时要注意在 "选项栏" 中调节 "容差" 选项的数值，容差越大，所选择的相近区域越大。选中 "魔术棒工具" 后，在 "选项栏" 中即可显示工具属性，如图2-8所示。其中各选项含义如下。

该选项用于控制选定颜色的范围，数值的有效范围在0~255之间，数值越大，颜色区域越广。如图2-9所示即为不同容差数值所选中的不同区域，左图容差数值为130，右图容差数值为50。

图2-9　不同容差数值选中的不同区域

图2-8　魔术棒工具属性栏

- "容差" 选项：

- "消除锯齿" 选项：

该选项用于设置选区范围是否具备消除锯齿的功能。

● "连续"选项：

该选项用于设置选中单击处邻近区域中相同的像素，还是选中符合像素要求的所有区域。如果选中该复选框，表示只能选中单击处邻近区域

中相同像素，取消复选框表示能够选中符合该像素要求的所有区域。

● "对所有图层取样"选项：

该选项用于设置是否将所有图层中颜色相似范围内的颜色选入选区。

2.1.4 颜色选取工具的使用

利用"魔术棒工具"可以选取相同或相似的颜色的图像，但它不够灵活，Photoshop还提供了另一种选取的方法，就是特定颜色选取工具。该方法可以通过制定其他颜色来增加或减少选区。执行"选择"｜"色彩范围"命令，即可打开"色彩范围"对话框，如图2-10所示。

在该对话框中可以制定一个标准色彩或只用吸管工具吸取一种颜色，然后设置"颜色容差"选项的数值与允许的范围，此时图像中所载色彩范围内的色彩区域都将成为选择区域。

图2-10 "色彩范围"对话框

2.2 选区的编辑技巧

当用户制作了一个选区后，有时对选区的形状并不满意。这时就需要对选区进行修改。在Photoshop中主要使用扩展、减少、消除反选和移动等操作来进行选区的修改。

2.2.1 移动与反转选区

用户可以将选框沿图像周围移动或者隐藏选框，以及反相选区以选择图像中原先未选中的部分。当用户要移动选区本身，而不是移动选区边界时，请使用移动工具。

1. 移动选区边界

用户有时需要移动选区以便进行剪裁等操作，移动选区的方法非常简单，用户只要在工具箱中单击任何选区工具，在"选项栏"中选择

"新选区"选项，然后将指针移动到选区边界内。指针将发生变化，指明用户可以移动选区，如图2-11所示。

当指针发正变化时按下鼠标左键拖拽即可拖动选区，如图2-12所示。当用户将选区边框拖动回来时，原来的边框以原样再现。同时用户还可以将选区边框拖动到另一个图像窗口。

图2-11　原来的选区边框

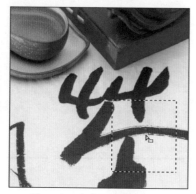

图2-12　移动了的选区边框

2. 控制选区的移动范围

有时用户需要精确地移动选区范围，Photoshop也为此提供了诸多便利。如果用户要将方向限制为45度的倍数，请开始拖动，然后在继续拖动时按住Shift键。 如果用户要以1个像素的增量移动选区，请使用←，→，↑，↓箭头键。如果用户要以10个像素的增量移动选区，请按住Shift键并使用箭头键。

3. 隐藏或显示选区边缘

用户要隐藏或显示选区边缘只要执行"视图" | "显示额外内容"命令。此命令用于显示或隐藏选区边缘、网格、参考线、目标路径、切片、注释、图层边框、计数以及智能参考线。

执行"视图" | "显示" | "选区边缘"命令，即可切换选区边缘的视图并且只影响当前选区。在建立另一个选区时，选区边框将重现。

4. 反转选区

执行"选择" | "反向"命令，即可反转选区。在需要去掉背景的情况下，用户可以使用 ![魔术棒] "魔术棒工具"选择放在纯色背景上的对象，然后反转选区。

2.2.2　手动调整选区范围

用户可以使用选区工具在现有的像素选区中添加选区或减去选区。在选区中手动添加或减去选区之前，可能需要先将选项栏中的羽化和消除锯齿值设置为原始选区中使用的相同设置。

1. 添加或减少选区

用户在初次建立选区后，可以执行下列任意操作添加选区：

● 绘制一个选区后，在"选项栏"中单击"添加到选区"按钮，然后回到工作区拖动鼠标继续添加选区。

● 绘制一个选区后，按住Shift键并拖动继续添加选区。

在添加到选区时，指针旁边将出现一个加号，如图2-13所示。

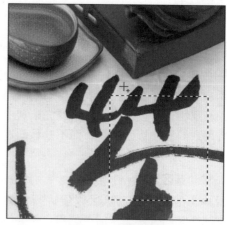

图2-13　添加选区

图2-14　减少选区

用户在初次建立选区后，可以执行下列任意操作减少选区：

- 在"选项栏"中选择单击　"从选区中减去"按钮，然后回到工作区拖动以减少到选区。
- 按住Alt+Shift组合键（Windows）或Option+Shift组合键（Mac OS），然后在要选择的原始选区的部分上拖动，当选择交叉区域时，指针的旁边将出现一个"x"，如图2-14所示，松开鼠标，与已有选区交叉部分的即可减去交叉部分的选区。

2. 仅选择与其他选区交叉的选区

用户在初次建立选区后，可以执行下列任意操作选择与其他选区交叉的选区：

- 绘制一个选区后，在"选项栏"中选择点击　"与选区交叉"按钮，然后回到工作区拖动鼠标与前面绘制的选区交叉，系统会保留两个选区的交叉部分。
- 绘制一个选区后，按住Shift键并拖动鼠标绘制一个选区与前面绘制的选区交叉，系统会保留两个选区的交叉部分。

在添加到选区时，指针旁边将出现一个叉号，如图2-15所示。

图2-15　仅选择与其他选区交叉的选区

图2-15　（续）

3. 扩展或收缩选区像素

用户在制作一些较为精细的部分时，往往要反复使用扩展或收缩选区像素命令来进行调整，用户执行下列操作即可扩展或收缩选区像素。

1) 使用选区工具建立选区。

2) 执行"选择"｜"修改"｜"扩展"或"选择"｜"修改"｜"收缩"命令，弹出如图2-16所示的"扩展选区"、"收缩选区"对话框。

图2-16　"扩展选区"和"收缩选区"对话框

3) 对于"扩展量"或"收缩量"，用户可以输入一个1到100之间的像素值，然后单击"确定"按钮保存设置。

4. 在选区边界周围创建一个选区

"边界"命令可让用户选择在现有选区边界的内部和外部的像素的宽度。当要选择图像区域周围的边界或像素带，而不是该区域本身时(例如清除粘贴的对象周围的光晕效果)，此命令将非常有用。用户执行下列操作即可在选区边界周围创建一个选区。

1) 使用选区工具建立选区。

2) 执行"选择"｜"修改"｜"扩边"命令。弹出如图2-17所示的"边界选区"对话框。

3) 在新选区边界"宽度"文本框中输入一个1到200之间的像素值，然后单击"确定"按钮即可。

图2-17 "边界选区"对话框

新选区将为原始选定区域创建一个框架，此框架位于原始选区边界的中间。例如如图2-18所示，若边框宽度设置为20像素，则会创建一个新的柔和边缘选区，该选区将在原始选区边界的内外分别扩展10像素。

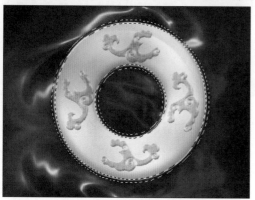

图2-18 设置边界宽度设置为20像素后的效果

5. 扩展选区以包含具有相似颜色的区域

用户执行下列操作之一即可扩展选区以包含具有相似颜色的区域：

执行"选择"｜"扩大选取"命令，即可包含所有位于魔术棒选项中指定的容差范围内的相邻像素。

执行"选择"｜"选取相似"命令，即可包含整个图像中位于容差范围内的像素，而不只是相邻的像素。

若要以增量扩大选区，用户可以使用Ctrl+F命令多次重复上述任意命令。

6. 清除基于颜色的选区中的杂色像素

用户执行下列操作即可清除基于颜色的选区中的杂色像素：

1) 执行"选择"｜"修改"｜"平滑"命令，弹出如图2-19所示的"平滑选区"对话框。

图2-19 设置边界宽度设置为20像素后的效果

2) 在"取样半径"文本框中输入1到100之间的像素值，然后单击"确定"按钮保存设置。

对于选区中的每个像素，Photoshop将根据半径设置中指定的距离检查它周围的像素。如果已选定某个像素周围一半以上的像素，则将此像素保留在选区中，并将此像素周围的未选定像素添加到选区中。如果某个像素周围选定的像素不到一半，则从选区中移去此像素。整体效果将减少选区中的斑迹以及平滑尖角和锯齿线。

2.2.3 复制与拷贝选定像素

1. 移动选区

用户有时需要移动选区以便进行剪裁等操作，移动选区的方法非常简单，如下所示。

1) 使用任意选区工具绘制好选区，然后在工具箱选择 "选取工具"。

2) 在选区边框内移动指针，并将选区拖动到新的位置。如果选择了多个选区，则在拖动时将移动所有选区，如图2-20所示。

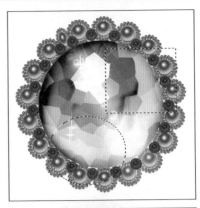

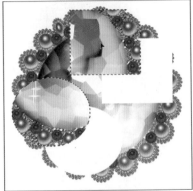

图2-20 移动选区

2. 拷贝与粘贴选区

在图像内或图像间拖动选区时，用户可以使用移动工具拷贝选区，或者使用"拷贝"、"合并拷贝"、"剪切"和"粘贴"命令来拷贝和移动选区。

"拷贝"命令：它用于拷贝现用图层上的选中区域。

"粘贴"命令：它用于将剪切或拷贝的选区粘贴到图像的另一个部分，或将其作为新图层粘贴到另一个图像。如果已有一个选区，则"粘贴"命令将拷贝的选区放到当前的选区上。如果没有现用选区，则"粘贴"命令会将拷贝的选区放到视图区域的中央。

拷贝与粘贴选区的步骤如下：

1) 选择要拷贝的区域。

2) 执行"编辑" | "拷贝"命令即可拷贝选区。

3) 执行"编辑" | "粘贴"命令即可粘贴选区。

2.3 钻石项坠

接下来就通过一个名为"钻石项坠"的实例重点向用户讲解椭圆形工具的使用方法。读者可以举一反三，由本实例延伸出很多内容。

2.3.1 实例分析与效果预览

本实例中向用户介绍了钻石项坠的制作方法。其实，无论在平面设计作品还是插画作品中，钻石等材质物品的制作都是必不可少的，通过本实例的制作，希望读者在课后能够由此自己摸索出项链、胸针、钻石表等物品的制作方法。

本实例除了介绍"椭圆形选框工具"的使用方法，还涉及到了"径向渐变"，"加深"和"减淡"工具的使用方法，以及"晶格化"滤镜的使用方法。最终效果如图2-21所示。

图2-21 "珍珠"实例效果

2.3.2 制作方法

1. 制作灰色装饰

新建一个文件，并设置文件大小为600×594像素，分辨率为300像素。

新建一层，在工具箱中单击 ⬭ "椭圆形工具"按钮，然后按住Shift键绘制一个正圆的选区。接下来单击 ▣ "渐变工具"按钮，然后在"选项栏"中单击 ▣ "径向渐变"按钮，使其按照径向渐变效果填充。接着单击 ▬▬ "可编辑渐变"按钮，在弹出的如图2-22所示的"渐变编辑器"对话框中设置一个灰度渐变效果。

图2-22 "渐变编辑器"对话框

在圆形选区中按住鼠标左键拖拽出渐变效果，如图2-23所示。

图2-23 填充渐变效果

接下来将绘制好的渐变圆形拖到 ▣ "创建

新图层"按钮上，将其复制一层，然后执行"编辑" | "变换" | "缩放"菜单命令，按住Shift键的同时按住鼠标调整渐变圆形为原来的25%，如图2-24所示。

使用相同的方法继续复制并排列于大圆周围，效果如图2-25所示。

图2-24 制作一个副本

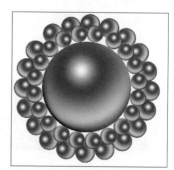

图2-25 继续制作并排列副本

2. 制作晶体物

同样新建一层，在工具箱中单击 ⬭ "椭圆形工具"按钮，然后按住Shift键绘制一个正圆的选区。接下来单击 ▣ "渐变工具"按钮，在"选项栏"中单击 ▣ "径向渐变"按钮，使其按照径向渐变效果填充。接着单击 ▬▬ "可编辑渐变"按钮，在弹出的如图2-26所示的"渐变编辑器"对话框中设置一个渐变效果。

在"选项栏"中选中"反向"、"仿色"和"透明"选项。然后在圆形选区中按住鼠标左键拖拽出渐变效果，如图2-27所示。

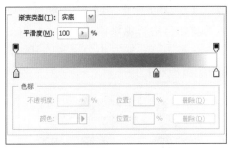

图2-26 "渐变编辑器"对话框

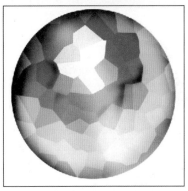

图2-29 局部调整效果

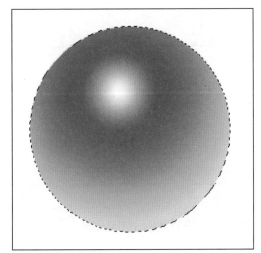

图2-27 填充效果

执行"滤镜"|"像素化"|"晶格化"命令，在弹出的如图2-28所示的"晶格化"对话框中设置"单元格大小"的数值为57。

此时效果并不理想。结合 "加深工具"和 "简单工具"对晶格化效果进行局部调整，调整后的效果如图2-29所示。

图2-28 "晶格化"对话框

新建一层，在工具箱中单击 "画笔工具"按钮，然后在"选项栏"的画笔下拉列表中选择"球形"笔刷，如图2-30所示。将 "前景色"设置为"白色"，设置笔刷的透明度为50%，结合"["和"]"键来调节笔触的大小绘制光折射效果，如图2-31所示。

然后在"选项栏"的画笔下拉列表中选择"十字光"笔刷，如图2-32所示。添加反射高光后的效果如图2-33所示。

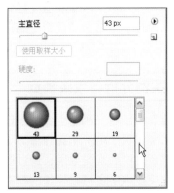

图2-30 选择球形笔刷

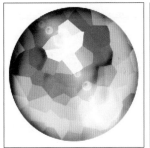

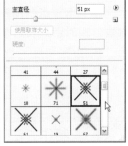

图2-31 制作折射效果　　图2-32 选择"十字光"笔刷

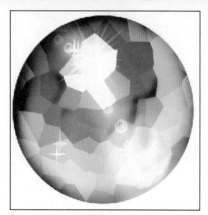

图2-33　制作高光反射效果

　　将前面制作好的灰色的装饰物继续复制，并围绕钻石排列，效果如图2-34所示。

　　将排列好的灰色装饰物再复制一层，并执行

"图像" | "调整" | "色相/饱和度"命令，在弹出的对话框中将色调调整为红色，并且执行Ctrl+T命令来调节它的大小为原来的50%，最终效果如图2-21所示。

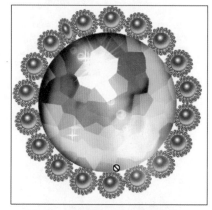

图2-34　复制灰色装饰物并排列

2.4　孕育

　　接下来通过一个名为"孕育"的实例来进一步熟悉"套索工具"的使用方法。最终效果如图2-35所示。

2.4.1　实例分析与效果预览

　　"孕育"预示着一种新生命的萌动，给人以希望。本实例实现了将一个正在练习瑜伽的模特合成到玻璃鱼缸中的视觉效果，通过画面能够感受到模特即使在水中也可以轻松的呼吸，通过这种视觉效果向读者传达一种在平和中孕育生命的理念。

　　本实例重点向用户介绍"套索工具"的使用方法，同时还涉及到了"水平翻转"、"去色"和"色相/饱和度"命令的使用方法，以及"滤色"等图层模式的效果。

图2-35　孕育最终效果

2.4.2　制作方法

1. 导入并整理素材

　　新建一个文件，将其命名为"孕育"，并设置文件大小为580×615像素，分辨率为150像素。

执行"文件"｜"打开"命令，在弹出的"打开"文件夹中选中素材"人物"、"静物"和"气泡"，单击"打开"按钮将其导入，如图2-36所示。

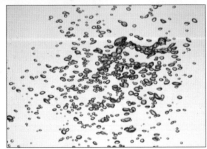

图2-36 导入素材

2. 合成1

将素材"人物"拖到"孕育"文件中，执行Ctrl+T命令调节素材的缩放比例。然后在工具箱中单击 "磁性套索工具"按钮，沿人物背影移动鼠标，最终把人物完整选中。

执行"选择"｜"修改"｜"羽化"命令，在弹出的如图2-37所示的"羽化选区"对话框中输入数值2。执行"选择"｜"反向"命令，按Delete键将背景删除，如图2-38所示。

图2-37 "羽化选区"对话框 图2-38 删除背景

接下来将素材"静物"拖到文件"孕育"中，然后调整"静物"与"人物"之间的比例关系，如图2-39所示。

图2-39 合成素材

3. 合成2

接下来将素材"气泡"拖到文件"孕育"中，在工具箱中单击 "橡皮擦工具"按钮，在"选项栏"中调节"不透明度"和"流量"选项的数值为30%，将不需要的部分擦除，调整完成后的效果如图2-40所示。

将修改后"气泡"复制一层，然后执行"编辑"｜"变换"｜"水平翻转"命令，将它调整到右侧对称的位置，并且选中人物层，执行"图像"｜"调整"｜"去色"命令，将人物去色，如图2-41所示。

图2-40 合成气泡 图2-41 制作对称副本

将"气泡"层再复制一层，将其放置在背影的中间位置，并且执行"图像"｜"调整"｜"色相/饱和度"命令，调整色调为淡紫色，调整后的效果如图2-42所示。

图2-42　合成素材

将之前制作的"人物"素材的"混合模式"改为"正片叠底"，然后再复制两层，将它们的

"混合模式"改为"屏幕"模式。实例效果如图2-35所示。此时的"图层"面板如图2-43所示。

图2-43　"图层面板"

2.5　动感城市

2.5.1　实例分析与效果预览

　　接下来通过一个名为"动感城市"的实例来进一步熟悉 "魔术棒工具"的使用方法。此实例的色调和布局较为活泼，值得用户在制作一些时尚感较强的作品时借鉴参考。最终效果如图2-44所示。

　　在本实例中主要使用了"魔术棒工具"来去除白底，使用"径向模糊"，"半调图案"滤镜来制作背景，使用了"痕迹"笔触来制作喷溅效果。

图2-44　最终效果

2.5.2　制作方法

1. 制作背景

　　新建一个文件，将其命名为"动感城市"，并设置文件大小为640×480像素，分辨率为300像素。

　　执行"文件"｜"打开"命令，在弹出的"打开"文件夹中选中素材"背景"、"楼房"和"楼房2"，单击"打开"按钮将其导入，如图2-45所示。

图2-45　导入素材

图2-45 导入素材(续)

将素材"背景"拖到"动感城市"文件中,执行Ctrl+T命令调节素材的缩放比例。然后执行"滤镜"|"模糊"|"径向模糊"命令,打开如图2-46所示的"径向模糊"对话框。在"模糊方法"选项区域中选中"缩放"选项,设置"数量"选项的数值为100,将"中心模糊"的中心点调整到右下方。单击"确定"按钮保存设置。此时的效果如图2-47所示。

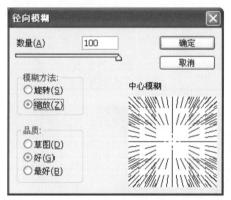

图2-46 "径向模糊"对话框

图2-47 径向模糊后的效果

将■"前景色"设置为橙色(R:247,G:102,B:6),然后把刚才径向模糊后的图片复制一层,执行"滤镜"|"素描"|"半调图案"命令,打开如图2-48所示的"半调图案"对话

框。调整对比度的数值为12,单击"确定"按钮保存设置。在"图层模式"下拉列表中选择"柔光"模式。

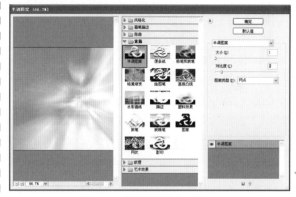

图2-48 "半调图案"对话框

2.组合楼房元素

新建一层,在工具箱中单击[:]"矩形选框工具",绘制一个长方形的矩形选区,填充黑色,将其复制一层,在键盘上按"↓"键将其向下移动3个像素,同时选中这两个图层,执行Ctrl+E命令合并图层,效果如图2-49所示。

图2-49 绘制黑色矩形条

将素材"楼房"拖入到黑色矩形条下面的图层,在工具箱中单击[魔术棒工具"图标]"魔术棒工具",在"选项栏"中设置"容差"选项的数值为10,选中"消除锯齿"和"连续"选项,将白色背景选中,如图2-50所示。

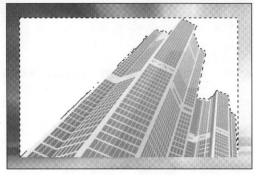

图2-50　选中背景

接下来在键盘上按Delete键将其删除，执行"图像"｜"调整"｜"去色"命令，继续执行"图像"｜"调整"｜"亮度/对比度"命令，在弹出的如图2-51所示的"亮度/对比度"对话框中设置"亮度"选项的值为24，"对比度"选项的值为46。设置完成后的效果如图2-52所示。

将素材"楼房2"拖入文件中并放置在"楼房"图层的下面，在工具箱中单击 "魔术棒工具"，在"选项栏"中设置"容差"选项的数值为10，选中"消除锯齿"和"连续"选项，将白色背景选中，在键盘上按Delete键将其删除。

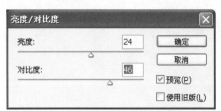

图2-51　"亮度/对比度"对话框

图2-52　去色调整后的效果

执行"图像"｜"调整"｜"色相/饱和度"命令，在弹出的"色相/饱和度"对话框中选中

"着色"选项，然后调整它的色相和饱和度，效果如图2-53所示。

将素材制作一个副本，调整它的大小为原来的60%，然后执行Ctrl+E命令合并图层。在"图层"面板中调整"不透明度"选项的数值为39%，效果如图2-54所示。

图2-53　导入素材并调整

图2-54　调整素材的透明度

新建一层，在工具箱中单击 "渐变工具"按钮，在"选项栏"中单击 "可编辑渐变"按钮，打开如图2-55所示的"渐变编辑器"对话框，设置一个"深红色"到"淡黄色"的渐变效果，单击"确定"按钮保存设置。

在"图层"面板中将鼠标置于渐变层和楼房层的中间，在按下Ctrl+Alt键的同时按下鼠标左键，当鼠标变成如图2-56所示的图标的时候单击鼠标，渐变层将以楼房层为模板来显示。在"图层模式"下拉列表中选择"变亮"选项，设置完成的效果如图2-57所示。

图2-55 导入素材并调整

图2-56 在"图层"面板
中进行设置

图2-59 绘制白色喷溅效果

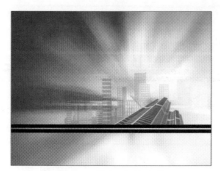

图2-57 叠加后的效果

3. 制作喷溅效果

新建一层,在工具箱中单击 "画笔工具"
按钮,然后在"选项栏"的"画笔"下拉列表中
单击"展开"按钮,选中"痕迹"画笔类型,如
图2-58所示。选择第一行的第6项的画笔类型,设
置 "前景色"为白色,回到图层面板中进行绘
制,效果如图2-59所示。

在工具箱中单击 T "文本工具"按钮,在
工作区右侧单击 A "字符"按钮,展开如图2-60
所示的"字符"面板,设置"字体"为"方正综
艺简体",设置"字号"为10号,设置"文本颜
色"为"黑色",输入文本"眩!炫!"。效果
如图2-61所示。

图2-60 "字符"面板

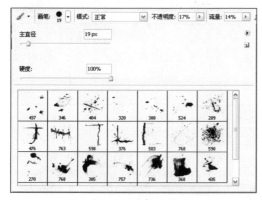

图2-58 选择画笔

图2-61 输入文本

新建一层,在工具箱中单击 "画笔工
具"按钮,然后在"选项栏"的"画笔"下拉列
表中单击"展开"按钮,选中"痕迹"画笔类
型。选择第二行的最后一项的画笔类型,设置
"前景色"为橙色(R:255,G:158,B:6),回
到图层面板中进行绘制,效果如图2-62所示。

图2-62　绘制橙色喷溅效果

在工具箱中单击 T．"文本工具"按钮，在工作区右侧单击 AI "字符"按钮，展开"字符"面板，设置各项数值如图2-63所示，输入文本"动感城市"。在"图层"面板中双击文字层，在打开的如图2-64所示的"图层样式"面板中选中"描边"选项，设置"大小"选项为2，设置颜色为"白色"。

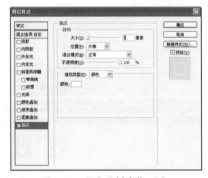

图2-63　"字符"面板

图2-64　"图层样式"面板

保存设置后的效果如图2-65所示。同样新建一层，在工具箱中单击 ✐ "画笔工具"按钮，然后在"选项栏"的"画笔"下拉列表中单击"展开"按钮，选中"痕迹"画笔类型。选择第一行的第二项的画笔类型，设置 ■ "前景色"为"黑色"，回到图层面板中进行绘制，效果如图2-66所示。

图2-65　输入并设置文本

图2-66　绘制黑色喷溅效果

使用同样的方法绘制出其他的喷溅效果的笔触，效果如图2-67所示。

最后输入文本并按照前面讲过的方法来进行设置，效果如图2-68所示。至此，整个实例制作完成，最终效果如图2-44所示。

图2-67　喷溅效果

图2-68　输入并设置文本

2.6 器械

2.6.1 实例分析与效果预览

  接下来通过一个名为"器械"的实例来进一步熟悉选区的编辑与使用的方法和技巧。此实例的制作过程中同时涉及铁锈磨砂效果的制作方法，读者可以举一反三，将其应用于一些其他的铁制器械的制作中。实例的最终效果如图2-69所示。

  在本实例中主要使用了"自定义形状工具"来绘制出器械的形状，使用"渐变映射"、"添加杂色"和"色彩平衡"滤镜来制作出器械的质感，借助"图层样式"选项来生成了对象的凹凸感。

图2-69 器械最终效果

2.6.2 制作方法

1. 绘制器械的外形

  新建一个文件，将其命名为"器械"，并设置文件大小为415×415像素，分辨率为300像素。

  在工具箱中单击 "自定义形状"按钮，然后在"选项栏"的形状下拉列表中选择锯齿状图形，如图2-70所示。然后按住Shift键绘制一个形状，如图2-71所示。

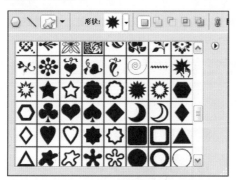

图2-70 选择形状

图2-71 绘制形状

  切换到"路径"面板，单击 "将路径作为选区载入"按钮，然后回到"图层"面板新建一层，在工具箱中单击 "渐变工具"按钮，然后在选项栏中单击 "径向渐变"按钮，单击 "可编辑渐变"按钮，打开"渐变编辑器"对话框，如图2-72所示，设置一个淡黄色(R：246，G：243，B：234)到黄绿色(R：156，G：134，B：58)的渐变，效果如图2-73所示。

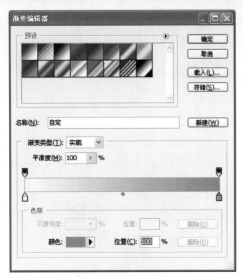

图2-72 "渐变编辑器"对话框

图2-73 填充的渐变效果

2. 制作器械的质感效果

双击图层打开"图层样式"对话框,选中
"投影"、"内发光"和"斜面和浮雕"选项,
如图2-74所示。其中"投影"选项保持默认数值
即可,设置"内发光"选项的"大小"为16,
"阻塞"值为5,"不透明度"为64%;设置"斜
面和浮雕"选项的"样式"为"枕状浮雕",
"深度"为103%,"大小"为6,然后单击"确
定"按钮保存设置。执行"滤镜"│"杂色"│
"添加杂色"命令,在打开的对话框中设置"杂
色数值"为3,设置完成后的效果如图2-75所示。

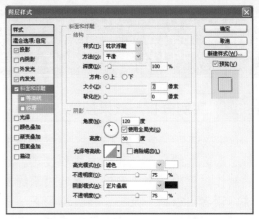

图2-74 "图层样式"对话框

图2-75 设置图层样式并添加杂色

接下来执行"图像"│"调整"│"渐
变映射"命令,打开如图2-76所示的"渐变映
射"对话框,选择图中鼠标所指向的选项,然
后单击"确定"按钮保存设置。此时的效果如
图2-77所示。

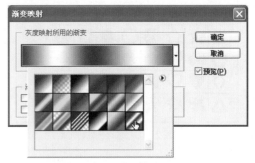

图2-76 "渐变映射"对话框

图2-77 应用"渐变映射"的效果

接下来执行"图像"｜"调整"｜"色彩平衡"命令，打开如图2-78所示的"色彩平衡"对话框，调整红色和黄色滑块，然后单击"确定"按钮保存设置。设置完成的效果如图2-79所示。

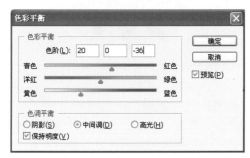

图2-78 "色彩平衡"对话框

图2-79 调整色彩平衡后的效果

3. 制作器械的镂空效果

新建一层，在工具箱中单击 "椭圆选框工具"按钮，然后在按住Shift键的同时绘制一个圆形，再在工具箱中单击 "渐变工具"按钮，设置一个"黑色"到"白色"的渐变效果，调整后的效果如图2-80所示。

图2-80 渐变填充效果

将小圆复制一层，单击处于上面一层的 "图像可视化"按钮，使其隐藏。然后选中处于下面的一层，执行Ctrl+T命令，在按住Shift键的同时拖动鼠标调整其大小到原来130%，设置其填充色为黑色。

双击图层打开"图层样式"对话框，选中"斜面和浮雕"选项，设置"斜面和浮雕"选项的"样式"为"枕状浮雕"，"深度"为10%，"大小"为5，然后单击"确定"按钮保存设置。效果如图2-81所示。还是选中大圆所在的图层，在"图层模式"下拉列表中选中"变亮"选项，效果如图2-82所示。

图2-81 应用图层样式

图2-82 改变图层混合模式

将大圆图层复制一层，然后选中处于上面的一层大圆图层，执行Ctrl+T命令，在按住Shift键的同时拖动鼠标调整其大小到原来的130%，设置其填充色为黑色，在图层面板中设置其不如透明度为53%。

双击图层打开"图层样式"对话框，选中"外发光"、"斜面和浮雕"和"渐变叠加"选项。其中设置"外发光"选项的"扩展"数值为24%，"范围"为38%；设置"斜面和浮雕"选项的"样式"为"枕状浮雕"，"深度"为235%，并选中"等高线"选项，在"等高线"下拉列表中选择第一行的最后一项；设置"渐变叠加"的"混合模式"为"强光"，设置"黑色"至"白色"渐变，然后单击"确定"按钮保存设置。

接着激活小圆选区，依次到刚才的图层中单击Delete键删除不需要的内容，删除完成后的效果如图2-83所示。

图2-84 填充效果

图2-85 添加杂色

图2-83 删除不需要的图形

激活锯齿状图形所在的选区，然后新建一层置于其上方，并填充为黑色，如图2-84所示。接着执行"滤镜"｜"杂色"｜"添加杂色"命令，在打开的对话框中设置"杂色数值"为50，设置完成后的效果如图2-85所示。

接着执行"滤镜"｜"模糊"｜"径向模糊"命令，设置"数量"为63，"模糊方法"为"旋转"，效果如图2-86所示。最后设置"图层模式"为"差值"，"不透明度"为75%，设置完成后的最终效果如图2-69所示。

图2-86 径向模糊效果

2.7 江南水乡

2.7.1 实例分析与效果预览

接下来通过一个名为"江南水乡"的实例来进一步熟悉选区工具的使用和控制技巧。制作完成后的效果如图2-87所示。

图2-87 最终效果

2.7.2 制作方法

导入素材图片"风景.jpg"并将它拖入到"图层"面板中，在工具箱中单击 "磁性套索"工具，沿建筑的边沿描边，并将选中的背景删除，效果如图2-88所示。

图2-88 删除背景后的效果

按住Ctrl键的同时单击此图层激活选区，新建一层，将其填充为红色，并且在工具箱中单击 "矩形选框工具"按钮，绘制一个矩形接于红色图形的下方，同样填充红色，如图2-89所示。

激活红色图形所在的选区，新建一层，在工具箱中单击 "渐变工具"按钮，设置一个红色至黄色的渐变效果，然后进行填充，填充后的效果如图2-90所示。

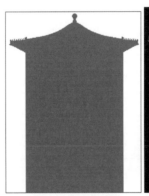 

图2-89 绘制图形并填充 图2-90 填充渐变效果
红色

新建一层，按住Alt键的同时在新建层与渐变层之间单击，并在新建图层中填充一个绿色至蓝色的渐变效果，叠加后的效果如图2-91所示。

导入素材"水乡.jpg"，将其拖入到"图层"面板中，并置于顶层，在工具箱中单击 "橡皮擦工具"按钮，在"选项栏"中设置"不透明度"和"流量"选项的数值为15%，将"水乡"素材的顶部擦出一种柔和的过渡效果，如图2-92所示。

图2-91　叠加渐变的效果　图2-92　导入素材并进行编辑

导入素材"云层.jpg"，将其拖入到"图层"面板中，并置于顶层，在工具箱中单击 ，"橡皮擦工具"按钮，在"选项栏"中设置"不透明度"和"流量"选项的数值为15%，将"云层"素材的四周擦出一种柔和的过渡效果，并将其设置为"滤色"叠加模式，如图2-93所示。

导入素材"窗.jpg"，将其拖入到"图层"面板中，并置于顶层，同样使用"橡皮擦工具"将"窗"素材的四周擦出一种柔和的过渡效果，如图2-94所示。

图2-93 设置云层的叠加效果　图2-94　导入素材"窗"

最后调整一下整体效果，调整完成的效果如图2-87所示。

第3章　图层、蒙版与通道

本章展现：

本章将学习图层、通道及路径的基本概念；介绍在三个面板之间切换操作的方法与技巧并且了解不同的"图层模式"所能够实现的不同效果。

本章的主要内容如下：

- 图层的创建
- 图层的混合模式
- 通道的创建与编辑
- 蒙版的创建与编辑

3.1 图层的创建与编辑

默认设置下只要单击窗口右侧选项组中的

"图层"按钮，或者执行"窗口"｜"图层"命令，即可打开如图3-1所示的"图层"面板，接下来将对其进行深入讲解。

图3-1 "图层"面板

3.1.1 图层基础知识

还记得小时候对着太阳看各种不同的彩色糖纸的时候么？其实，Photoshop图层的工作原理就好像把好多透明的彩色图片叠加在一起，它们可以分别拆开独立，但是层层叠加到一起后就会出现各种不同的合成效果，如图3-2所示为一张合成好的效果图片，而图3-3则展示了它的分层效果。

图3-2 合成

图3-3 分层效果

1. 创建图层或组

用户执行下列操作之一，即可创建图层或组：

● 要使用默认选项创建新图层或组，请单击"图层"面板中的 ▣ "新建图层"按钮或 ▢ "新建组"按钮。

● 执行"图层"｜"新建"｜"图层"命令或者执行"图层"｜"新建"｜"组"命令。

● 在按住 Alt 键(Windows)或 Option 键(Mac OS)的同时，单击"图层"调板中的"新建图层"按钮或"新建组"按钮，以显示"新建图层"对话框并设置图层选项，如图3-4所示。

其中"名称"选项用于指定图层或组的名称；"颜色"选项用于为"图层"调板中的图层或组分配颜色；"模式"选项用于指定图层或组的混合模式。"不透明度"选项用于指定图层或组的不透明度级别。

图3-4 "新建图层"对话框

● 在按住 Ctrl 键(Windows)或Command 键(Mac OS)的同时，单击"图层"调板中的"新建图层"按钮或"新建组"按钮，可以在当前选中的图层下添加一个图层。

2. 显示或隐藏图层、组或样式

用户执行下列操作之一，即可显示或隐藏图层、组或式样：

- 单击图层、组或图层效果旁的 👁 "可视性"图标，以便在文档窗口中隐藏其内容。再次单击该列，可以重新显示内容。
- 执行"图层" | "显示图层"或"图

层" | "隐藏图层"命令。

- 在按住 Alt 键(Windows)或 Option 键 (Mac OS)的同时单击一个眼睛图标，以只显示该图标对应的图层或图层组的内容。Photoshop 将在隐藏所有图层之前记住它们的可见性状态。如果不想更改任何其他图层的可视性，在按住 Alt 键(Windows)或 Option 键(Mac OS)的同时单击同一眼睛图标，即可恢复原始的可见性设置。

3.1.2 图层混合模式

Photoshop的图层并不只是将图片一层层的叠上去，它可以设置每个图层的属性，以不同的方式与其他图层混合在一起。因此贴入的图片不一定要去除背景才能与下一层贴合在一起，可以将多张未去背景的图片重叠在一起，只要设置图层的混合模式，上面的图层就不会完全遮住下面的图层，而且会以各种不同的色彩形式表现出来。

在"图层"面板中单击 `正常 ▼` "图层模式"右侧的按钮，展开如图3-5所示的"图层模式"下拉列表，该列表中有以下图层混合模式。

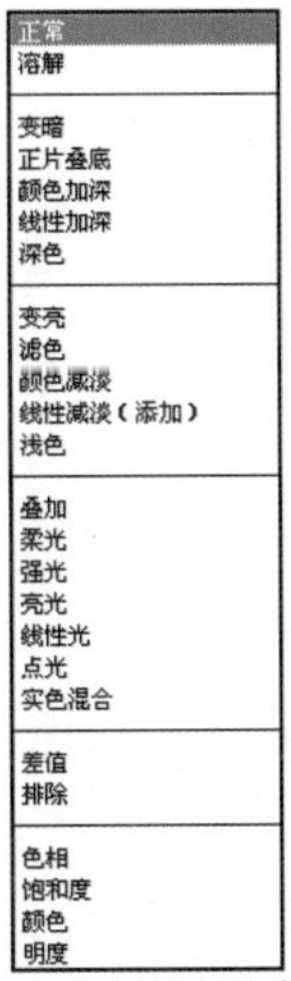

- "正常"模式：

此模式也是软件默认的模式，不和其他图层发生任何混合。

- "溶解"模式：

溶解模式产生的像素颜色来源于上下混合颜色的一个随机置换值，与像素的不透明度有关。

- "变暗"模式：

考察每一个通道的颜色信息以及相混合的像素颜色，选择较暗的作为混合的结果。颜色较亮的像素会被颜色较暗的像素替换，而较暗的像素就不会发生变化。

- "正片叠底"模式：

考察每个通道里的颜色信息，并对底层颜色

进行正片叠加处理。其原理和色彩模式中的"减色原理"是一样的。这样混合产生的颜色总是比原来的要暗。如果和黑色发生正片叠底的话，产生的就只有黑色。而与白色混合就不会对原来的颜色产生任何影响。

- "颜色加深"模式：

让底层的颜色变暗，有点类似于正片叠底，但不同的是，它会根据叠加的像素颜色相应增加底层的对比度。和白色混合没有效果。

- "线性加深"模式：

同样类似于正片叠底，通过降低亮度，让底色变暗以反映混合色彩。它和白色混合没有效果。

- "深色"模式：

比较混合色和基色的所有通道值的总和，并显示值较小的颜色。"深色"模式不会生成第三种颜色（可以通过变暗混合获得），因此它将从基色和混合色中选择最小的通道值来创建最终颜色。

- "浅色"模式：

比较混合色和基色的所有通道值的总和并显示值较大的颜色。"浅色"不会生成第三种颜色，因为它将从基色和混合色中选取最大的通道值来创建结果色。

- "实色混合"模式：

实色混合模式使图层图像的颜色和下一层图层图像中的颜色进行混合，该模式产生招贴画式的混合效果，混合结果由红、绿、蓝、青、品红、黄、黑和白8种颜色组成。混合的颜色由底层颜色与混合图层亮度决定。

- "变亮"模式：

和变暗模式相反，比较相互混合的像素亮度，选择混合颜色中较亮的像素保留起来，而其

图3-5 "图层模式"下拉列表

正常
溶解

变暗
正片叠底
颜色加深
线性加深
深色

变亮
滤色
颜色减淡
线性减淡（添加）
浅色

叠加
柔光
强光
亮光
线性光
点光
实色混合

差值
排除

色相
饱和度
颜色
明度

他较暗的像素则被替代。

- "滤色"模式：

按照色彩混合原理中的"增色模式"混合。也就是说，对于"滤色"模式，颜色具有相加效应。比如，当红色、绿色与蓝色都是最大值255的时候，以"滤色"模式混合就会得到RGB值为(255，255，255)的白色。而相反的，黑色意味着为0。所以，以该种模式与黑色混合没有任何效果，而与白色混合则得到RGB颜色最大值白色(RGB值为255，255，255)。

- "颜色减淡"模式：

与"颜色加深"刚好相反，通过降低对比度，加亮底层颜色来反映混合色彩。与黑色混合没有任何效果。

- "线性减淡"模式：

类似于颜色减淡模式。但是通过增加亮度来使得底层颜色变亮，以此获得混合色彩。与黑色混合没有任何效果。

- "叠加"模式：

像素是进行"正片叠底"混合还是"屏幕"混合，取决于底层颜色。颜色会被混合，但底层颜色的高光与阴影部分的亮度细节就会被保留。

- "柔光"模式：

应用此种模式变暗还是提亮画面颜色，取决于上层颜色信息。产生的效果类似于为图像打上一盏散射的聚光灯。如果上层颜色(光源)亮度高于50%灰度，底层会被照亮(变淡)。如果上层颜色(光源)亮度低于50%灰度，底层会变暗，就好像被烧焦了似的。 如果直接使用黑色或白色去进行混合的话，能产生明显的变暗或者提亮效应，但是不会让覆盖区域产生纯黑或者纯白。

- "强光"模式：

应用此种模式正片叠底或者使屏幕混合底层颜色，取决于上层颜色。产生的效果就好像为图像应用强烈的聚光灯一样。如果上层颜色(光源)亮度高于50%灰，图像就会被照亮，这时混合方式类似于"屏幕模式"。反之，如果亮度低于50%灰，图像就会变暗，这时混合方式就类似于"正片叠底"模式。该模式能为图像添加阴影效果。如果用纯黑或者纯白来进行混合，得到的也将是纯黑或者纯白。

- "亮光"模式：

调整对比度以加深或减淡颜色，取决于上层图像的颜色分布。如果上层颜色(光源)亮度高于50%灰度，图像将被降低对比度并且变亮；如果上层颜色(光源)亮度低于50%灰度，图像会被提高对比度并且变暗。

- "线性光"模式：

如果上层颜色(光源)亮度高于中性灰(50%灰度)，则用增加亮度的方法来使得画面变亮，反之用降低亮度的方法来使画面变暗。

- "点光"模式：

按照上层颜色分布信息来替换颜色。如果上层颜色(光源)亮度高于50%灰，比上层颜色暗的像素将会被取代，而较之亮的像素则不发生变化。如果上层颜色(光源)亮度低于50%灰度，比上层颜色亮的像素会被取代，而较之暗的像素则不发生变化。

- "差值"模式：

根据上下两边颜色的亮度分布，对上下像素的颜色值进行相减处理。比如，用最大值白色来进行Difference运算，会得到反相效果(下层颜色被减去，得到补值)，而用黑色的话不发生任何变化(黑色亮度最低，下层颜色减去最小颜色值0，结果和原来一样)。

- "排除"模式：

和"差值"模式类似，但是产生的对比度会较低。同样的，与纯白混合得到反相效果，而与纯黑混合没有任何变化。

- "色相"模式：

决定生成颜色的参数包括底层颜色的明度与饱和度，上层颜色的色调。

- "饱和度"模式：

决定生成颜色的参数包括底层颜色的明度与色调，上层颜色的饱和度。按这种模式与饱和度为0的颜色混合(灰色)不产生任何变化。

- "颜色"模式：

决定生成颜色的参数包括底层颜色的明度，上层颜色的色调与饱和度。这种模式能保留原有图像的灰度细节。这种模式能用来对黑白或者是不饱和的图像上色。

- "亮度"模式：

决定生成颜色的参数。它包括底层颜色的色调与饱和度，上层颜色的明度。该模式产生的效果与"颜色"模式刚好相反，它根据上层颜色的明度分布来与下层颜色混合。

接下来就以如图3-6(a)所示的两张图片为例，向用户展示不同的图层模式所展示的叠加效果，如图3-6(b)~图3-6(z)所示。

(a) 素材图片

(b) 正常模式

(c) 溶解模式

(d) 变暗模式

(e) 正片叠底模式

(f) 颜色加深模式

(g) 线形加深模式

(h)Darker Color模式

图3-6 素材图片

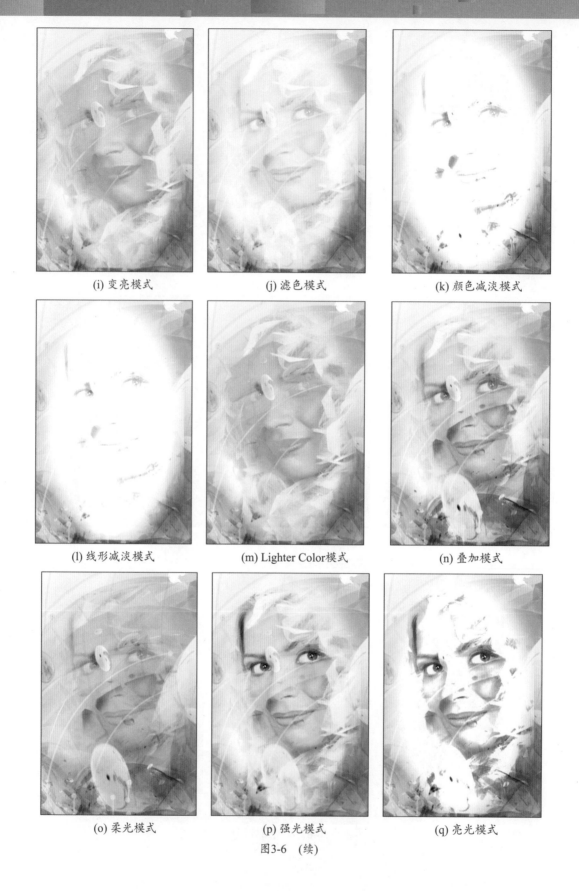

(i) 变亮模式　　　　　　(j) 滤色模式　　　　　　(k) 颜色减淡模式

(l) 线形减淡模式　　　(m) Lighter Color模式　　　(n) 叠加模式

(o) 柔光模式　　　　　　(p) 强光模式　　　　　　(q) 亮光模式

图3-6　（续）

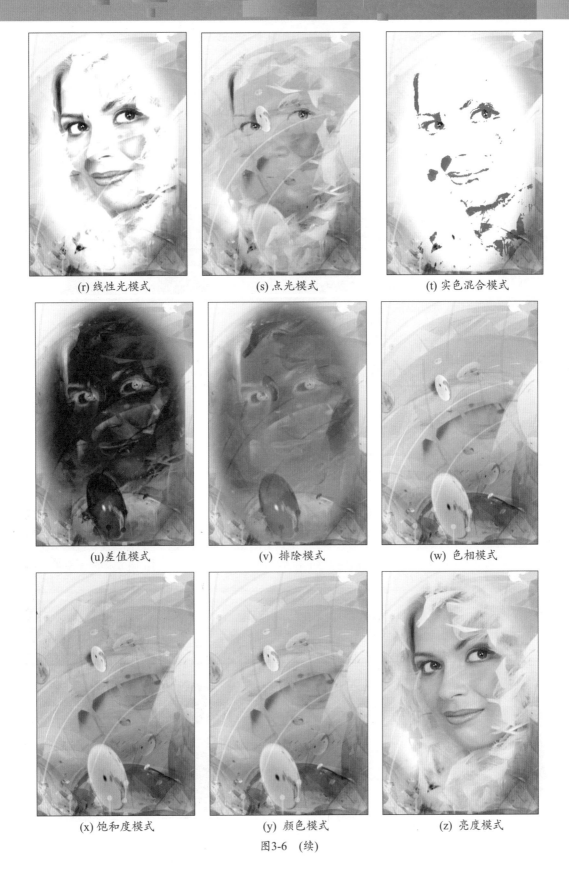

(r) 线性光模式　　　　　(s) 点光模式　　　　　(t) 实色混合模式

(u)差值模式　　　　　(v) 排除模式　　　　　(w) 色相模式

(x) 饱和度模式　　　　　(y) 颜色模式　　　　　(z) 亮度模式

图3-6　(续)

3.2 科技幻想

接下来通过一个名为"科技幻想"的实例来进一步熟悉各种"图层模式"的使用方法。

3.2.1 实例分析与效果预览

　　本实例中主要是通过应用"滤色"图层模式将几张并不相关的图片合成到一起，通过本实例的制作，读者要掌握在几个图层中同时应用同一种图层模式来合成图片的方法与技巧。同时思考哪些类型的图片适合应用"滤色"图层模式，例如本例中的素材"背景4.jpg"就非常适合应用此种图层模式。

图3-7　科技幻想效果图

3.2.2 制作方法

1. 导入素材图片

　　新建一个文件，将其命名为"科技幻想"，并设置文件大小为400×560像素，分辨率为300像素。

　　执行"文件"｜"打开"命令，在弹出的"打开"文件夹中选中素材"人物"、"背景"、"背景2"、"背景3"和"背景4"，单击"打开"按钮将其导入，如图3-8所示。

图3-8　导入素材

图3-8　（续）

2. 素材合成

将素材"人物"拖到"科技幻想"文件中，执行Ctrl+T命令调节素材的缩放比例。然后在工具箱中单击[图]"磁性套索工具"按钮，将人物及其阴影选中，执行"选择"｜"反向"命令，单击Delete键将不需要的背景删除，如图3-9所示。

图3-9 删除不必要的背景

将素材"背景"拖到"科技幻想"文件中，置于"人物"图层下面，执行Ctrl+T命令调节素材的缩放比例。执行"图像"｜"调整"｜"色相/饱和度"命令，打开如图3-10所示的"色相/饱和度"对话框，设置色相的数值为+180。设置完成的效果如图3-11所示。

图3-10 "色相/饱和度"对话框

图3-11 调整完的效果

将素材"背景3"拖到"科技幻想"文件中，执行Ctrl+T命令调节素材的缩放比例。然后在工具箱中单击[图]"多边形套索工具"按钮，按照如图3-12所示的形状绘制选区并将"背景3"不需要的部分删除，使其能够与"人物"的形状吻合。

将素材"背景2"拖到"科技幻想"文件中，执行Ctrl+T命令调节素材的缩放比例。然后在工具箱中单击[图]"多边形套索工具"按钮，按照如图3-13所示的形状绘制选区并将"背景2"不需要的部分删除，同样使其能够与"人物"的形状吻合。

选中素材"背景2"，在"图层模式"下拉列表中选择"滤色"模式，效果如图3-14所示。

图3-12 编辑"背景3"

图3-13 编辑"背景2"素材

图3-14 调整"背景2"图层模式

图3-16 调整"背景3"的图层模式

选中素材"背景3"所在的图层，在工具箱中单击 ▨ "橡皮擦工具"按钮，在"选项栏"中设置"不透明度"和"流量"选项的数值都为30%，然后回到"图层"面板中将不需要的黑色背景擦除，只留下翅膀部分，如图3-15所示。然后在"图层模式"下拉列表中选择"滤色"模式，效果如图3-16所示。

图3-17 调整"背景4"

图3-15 擦除"背景3"中不需要的部分

导入素材"背景4"，执行Ctrl+T命令调节素材的缩放比例，如图3-17所示。在"图层模式"下拉列表中选择"滤色"模式，效果如图3-18所示。然后对整体色调进行微调，最终效果如图3-7所示。

图3-18 更改图层模式

3.3 换肤广告

接下来通过一个名为"换肤广告"的实例来进一步介绍"柔光"模式的使用方法与应用效果。

3.3.1 实例分析与效果预览

本实例中主要涉及到"图层模式"、"钢笔工具"和"画笔工具"以及"图层样式"搭配使用的方法与技巧。其中，有一些工具将在以后的章节中详细讲解，在此先不做展开论述。

3.3.2 制作方法

1. 制作背景

新建一个文件，将其命名为"换肤广告"，并设置文件大小为400×300像素，分辨率为72像素。

执行"文件"｜"打开"命令，在弹出的"打开"文件夹中选中素材"光影"，单击"打开"按钮将其导入，如图3-20所示。

图3-19 最终效果

图3-20 导入素材

将素材"光影"拖到"换肤广告"文件中，执行Ctrl+T命令调节素材的缩放比例。

然后新建一层，在工具箱中单击 🖊 "画笔工

具"按钮，在"选项栏"中调整"不透明度"和"流量"的数值约为40%，然后在"画笔类型"下拉列表中选择"方形"画笔，绘制效果如图3-21所示。

再新建一层，使用同样的画笔，在"选项栏"中调整"不透明度"和"流量"的数值约为70%，绘制效果如图3-22所示。

图3-21 绘制效果

图3-22 绘制效果

2. 制作背景

在工具箱中单击 🖊 "钢笔工具"按钮，然后绘制出如图3-23所示的形状。

回到"图层"面板中，再次导入素材"光影"，然后在"路径"面板中单击 ⭕ "将路径转换为选区"按钮，然后回到"图层"面板中执行"选择"｜"反向"命令，按Delete键将不需要的部分删除，效果如图3-24所示。

图3-25 "投影"选项的数值

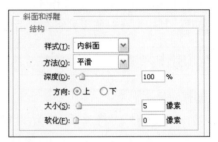

图3-26 "斜面和浮雕"选项的数值

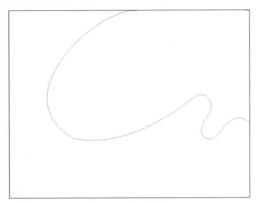

图3-23 绘制路径

图3-24 删除后的效果

将刚才的图层复制一层，并在复制图层上按Ctrl键将选区激活，并填充白色。然后双击图层打开"图层样式"面板，选中"投影"和"斜面和浮雕"选项，设置"投影"选项的数值如图3-25所示，设置"斜面和浮雕"选项的数值如图3-26所示，其他保持默认设置即可，设置完成的效果如图3-27所示。

图3-27 设置完"图层样式"的效果

最后将最上面的填充白色的一层的图层模式设置为"柔光"，最终效果如图3-19所示。最终的图层面板如图3-28所示。

图3-28 最终的"图层"面板

3.4 通道的创建与编辑

Photoshop CS4

通道用于存储不同类型信息的灰度图像，它是Photoshop中最重要的一个概念。

3.4.1 通道基础知识

一个图像最多可有56个通道。所有的新通道都具有与原图像相同的尺寸和像素数目。通道中主要包含有以下3种通道。

- 颜色信息通道：是在打开新图像时自动创建的。图像的颜色模式决定了所创建的颜色通道的数目。例如，RGB 图像的每种颜色(红色、绿色和蓝色)都有一个通道，并且还有一个用于编辑图像的复合通道。
- Alpha通道：将选区存储为灰度图像。可以添加Alpha通道来创建和存储蒙版，

这些蒙版用于处理或保护图像的某些部分。

- 专色通道：指定用于专色油墨印刷的附加印版。

通道所需的文件大小由通道中的像素信息决定。某些文件格式(包括TIFF和Photoshop 格式)将压缩通道信息并且可以节约空间。当从弹出菜单中选择"文档大小"时，未压缩文件的大小(包括Alpha通道和图层)显示在窗口底部状态栏的最右边。

3.4.2 打开与编辑通道

用户可以通过执行"窗口"｜"通道"命令来打开"通道"面板。"通道"面板列出图像中的所有通道，对于RGB、CMYK和Lab图像，将最先列出复合通道。通道内容的缩略图显示在通道名称的左侧；在编辑通道时会自动更新缩略图。

Photoshop中"通道"面板中显示的颜色通道与所打开图像文件的格式有关。例如RGB格式的文件包含有红色、绿色和蓝色3个颜色通道，而CMYK格式的文件则包含有青色、洋红、黄色和蓝色4个颜色通道，如图3-30所示。

单击面板右侧的 "展开按钮"，即可展开如图3-31所示的"快捷菜单"。其中各主要选项的意义如下。

- "新通道"选项：此命令用于新建一个Alpha通道，单击此命令，将弹出如图3-32所示的"新建通道"对话框。

图3-31 快捷菜单

图3-29 RGB格式
"通道"面板

图3-30 CMYK格式
"通道"面板

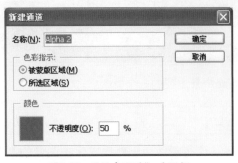

图3-32 "新建通道"对话框

图3-34 "新建专色通道"对话框

- "复制通道"选项：此命令用于复制当前的通道，单击此命令，将弹出如图3-33所示的"复制通道"对话框。
- "删除通道"选项：此命令用于删除选定的单个通道。
- "新专色通道"选项：此命令用于新建一个专色通道，单击此命令，将弹出如图3-34所示的"新建专色通道"对话框。

- "通道选项"选项：此命令用于设定Alpha通道，单击此命令，将弹出如图3-35所示的"通道选项"对话框。其中"颜色"选项组用于设定填充遮罩的颜色。"色彩指示"选项组用于设定通道中颜色的显示方式。

图3-33 "复制通道"对话框

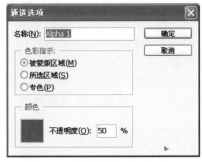

图3-35 "通道选项"对话框

3.5 DAMAGE

在Photoshop中，用户可以首先制作出一个理想效果的选择区域，然后利用选择区域与通道的相互转换，即可制作出理想的效果。用户绘制的选区可以保存为通道，保存的选取或制作的选区通道就是Alpha通道。在通道面板中，选中的区域显示为白色，未被选中的区域显示为黑色。

3.5.1 实例分析与效果预览

接下来通过一个实例来讲解选区与通道的关系。本实例将制作一个名为DAMAGE的海报，在此实例中就充分地利用了通道来生成选区，进而制作出一种斑驳的效果，最终效果如图3-36所示。

本实例中综合使用了"选区"、"羽化"、"去色"和"色相/饱和度"等多个命令，是一个较为综合的实例。

图3-36 DAMAGE最终效果

3.5.2 制作方法

1. 导入并合成素材图片

新建一个文件，将其命名为DAMAGE，并设置文件大小为640×480像素，分辨率为300像素。

执行"文件"｜"打开"命令，在弹出的"打开"文件夹中选中素材"人物"、"背景1"和"背景2"，单击"打开"按钮将其导入，如图3-37所示。

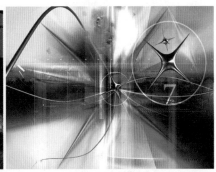

图3-37 导入素材

将素材"背景1"、"背景2"和"人物"都拖到DAMAGE文件中，执行Ctrl+T命令调节素材的缩放比例。首先执行"图像"｜"调整"｜"去色"命令，去除素材的颜色。此时的"图层"面板如图3-38所示。效果如图3-39所示。

图3-38 "图层"面板 图3-39 素材组织效果

2. 制作图片的残缺效果

将素材"建筑"拖入到文件中并置于顶部，执行Ctrl+T命令调节素材的缩放比例为原来的30%，然后在按住Ctrl键的同时拖动变形框的上部的两个小矩形，使其变形。然后切换到"通道"面板中，选中"绿色"图层，在按住Ctrl键的同时单击图层，激活选区，接着执行"选择" | "反向"命令，效果如图3-40所示。

回到图层面板的"背景1"图层，按Delete键将选区内的内容删除，设置"背景2"图层的叠加模式为"强光"，并隐藏"建筑"层，效果如图3-41所示。

图3-40　激活选区

图3-41　设置图层模式后的效果

接着将素材"建筑2"拖入到文件中并置于顶部，然后在工具箱中单击 "矩形工具"按钮，在"选项栏"中设置"羽化"的数值为30，将"建筑2"的下半部分圈选，按下Delete键将其删除。删除后的效果如图3-42所示。

在"通道"面板中按Ctrl键激活"绿色"通道的选区，执行"选择" | "反向"命令，在工具箱中单击 "橡皮擦"工具按钮，在"选项栏"中设置"不透明度"的数值为38%，设置"流量"选项的数值为16%，然后回到"建筑2"图层中按照自己的意愿进行擦除，擦除后的效果如图3-43所示。

图3-42　选中并删除多余的素材

图3-43　擦除的效果

然后按Ctrl+E键将"人物"、"背景1"和"背景2"合并起来，执行"图像" | "调整" | "色相/饱和度"命令，打开如图3-44所示的"色相/饱和度"对话框，选中"着色"复选框，按照图示调整各项数值，并按照前面介绍的方法继续调整，调整后的效果如图3-45所示。

图3-44　"色相/饱和度"对话框

图3-45　调整后的效果

在工具箱中单击 T "文字工具"按钮，在"选项栏"的"字体"下拉列表中选择Bradley Hand ITC选项，设置"字号"为8号，然后输入文本DAMAGE，双击DAMAGE文本层，打开"图层式样"对话框，选中"描边"选项，设置"大小"数值为1，"文本颜色"为"黑色"，设置完成后的效果如图3-46所示。最后将各选项进行综合调整，调整后的效果如图3-36所示。

图3-46　输入文本

3.6　蒙版的创建与编辑

用户可以向图层添加蒙版，然后使用此蒙版隐藏部分图层并显示下面的图层。蒙版图层是一项重要的复合技术，可用于将多张照片组合成单个图像，也可用于局部的颜色和色调校正。

3.6.1　图层与矢量蒙版简述

图层和矢量蒙版是非破坏性的，这表示用户以后可以返回并重新编辑蒙版，而不会丢失蒙版隐藏的像素。

如图3-47所示，用户可以创建两种类型的蒙版。

- 图层蒙版：它是与分辨率相关的位图图像，可使用绘画或选择工具进行编辑。
- 矢量蒙版：它与分辨率无关，可使用钢笔或形状工具创建。

图层蒙版是一种灰度图像，因此用黑色绘制的区域将被隐藏，用白色绘制的区域是可见的，而用灰度梯度绘制的区域则会出现在不同层次的透明区域中。

矢量蒙版可在图层上创建锐边形状，无论何时当用户想要添加边缘清晰分明的设计元素时，矢量蒙版都非常有用。使用矢量蒙版创建图层之后，用户可以向该图层应用一个或多个图层样式。

图3-47　图层与矢量蒙版

3.6.2 添加与编辑图层蒙版

添加图层蒙版时，用户需要决定是要隐藏还是显示所有图层。或者，用户可以创建一个图层蒙版，并通过在创建蒙版之前建立一个选区，使该图层蒙版可自动隐藏部分图层。

1. 添加显示或隐藏整个图层的蒙版

如果用户要创建显示或隐藏整个图层的蒙版，那么在确保未选定图像的任何部分的同时执行下列操作之一即可。

- 在"图层"面板中单击 ▣ "新建图层蒙版"按钮，或执行"图层" | "图层蒙版" | "显示全部"命令，即可显示整个图层的蒙版。
- 按住 Alt 键(Windows)或 Option 键(Mac OS)并单击 ▣ "新建图层蒙版"按钮，或执行"图层" | "图层蒙版" | "隐藏全部"命令，即可隐藏整个图层的蒙版。

如果用户要创建显示或隐藏部分图层的蒙版，那么在确保选择了图像中的某些区域的同时执行下列操作之一即可。

- 在"图层"面板中单击 ▣ "新建图层蒙版"按钮，以创建显示选区的蒙版。
- 按住 Alt 键(Windows)或 Option 键(Mac OS)，并单击 ▣ "新建图层蒙版"按钮，以创建隐藏选区的蒙版。
- 执行"图层" | "图层蒙版" | "显示选区"或"隐藏选区"命令。

如果用户要应用另一个图层中的蒙版，那么只要执行下列操作之一即可。

- 要将蒙版移到另一个图层，可以直接将该蒙版拖动到其他图层。
- 要复制蒙版，用户可以按住 Alt 键(Windows)或 Option 键(Mac OS)并将蒙版拖动到另一个图层。

2. 编辑图层蒙版

单击图层面板中的图层蒙版缩略图，使其处于选中状态。蒙版缩略图的周围将出现一个边框。用户可以选择任意编辑或绘画工具来编辑图层蒙版。

> **提示**
> 当蒙版处于现用状态时，前景色和背景色均采用默认灰度值。

用户可以执行下列操作之一来编辑图层蒙版。

- 要从蒙版中减去并显示图层，用户将蒙版涂成白色。
- 要使图层部分可见，可以将蒙版绘成灰色。灰色越深，色阶越透明；灰色越浅，色阶越不透明。
- 要向蒙版中添加并隐藏图层或组，请将蒙版绘成黑色。图层下面的图层将变为可见图层。
- 要编辑图层而不是图层蒙版，请单击图层面板中的图层缩略图以选择它。图层缩略图的周围将出现一个边框。

3. 停用或启动图层蒙版

用户执行下列操作之一即可停用或启动图层蒙版。

- 按住Shift键并单击图层面板中的图层蒙版缩略图。
- 选择包含要停用或启用的图层蒙版的图层，然后执行"图层" | "图层蒙版" | "停用"命令或执行"图层" | "图层蒙版" | "启用"命令。
- 当蒙版处于停用状态时，"图层"调板中的蒙版缩略图上会出现一个红色的 ⊠，并且会显示出不带蒙版效果的图层内容。

3.6.3 添加与编辑矢量蒙版

用户可以使用钢笔或形状工具创建矢量蒙版。

1. 添加显示或隐藏整个图层的蒙版

用户要添加图层蒙版，只要在"图层"面板中选中要添加矢量蒙版的图层，然后执行下列操作之一。

- 要创建显示整个图层的矢量蒙版，执行"图层" | "矢量蒙版" | "显示全部"命令。
- 要创建隐藏整个图层的矢量蒙版，执行"图层" | "矢量蒙版" | "隐藏全部"命令。

2. 添加显示形状内容的矢量蒙版

在"图层"面板中，选择要添加矢量蒙版的图层，然后在工具箱中单击 "钢笔工具"按钮绘制一条路径或使用某一种形状工具绘制一个工作路径。执行"图层" | "矢量蒙版" | "当前路径"命令。

要使用形状工具创建路径，请单击形状工具"选项栏"中的 "形状图层"按钮。

3. 停用或启动矢量蒙版

用户要停用或启动矢量蒙版，只要执行下列操作之一。

- 按住Shift键并单击图层调板中的矢量蒙版缩略图。
- 选择包含要停用或启用的矢量蒙版的图层，并执行"图层" | "矢量蒙版" | "停用"命令或执行"图层" | "矢量蒙版" | "启用"命令。
- 当蒙版处于停用状态时，"图层"面板中的蒙版缩略图上会出现一个红色的 ，并且会显示出不带蒙版效果的图层内容。

3.7 秘密

接下来通过一个实例来讲解图层、通道与蒙版的关系。

3.7.1 实例分析与效果预览

本实例将制作一个名为"秘密"的海报，在此实例中就充分地利用了蒙版和图层模式来制作出一种神秘的视觉效果，如图3-48所示。

图3-48 "秘密"最终效果

3.7.2 制作方法

1. 导入素材图片

新建一个文件，将其命名为"秘密"，并设置文件大小为580×717像素，分辨率为72像素。

执行"文件"｜"打开"命令，在弹出的"打开"文件夹中选中素材"人物"、"背景"和"树叶"，单击"打开"按钮将其导入，如图3-49所示。

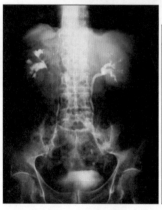

图3-49　导入素材

依次将"树叶"、"人物"和"背景"拖入到"秘密"文件中，如图3-50所示。

图3-50　在"图层"面板中排列文件

2. 调整与合成素材图片

选中"树叶"图层，执行"编辑"｜"变换"｜"旋转"命令，将树叶旋转成垂直方向摆放的位置。然后执行"图像"｜"调整"｜"色相/饱和度"命令，打开"色相/饱和度"对话框，选中"着色"复选框，调整各项数值如图3-51所示。调整完的效果如图3-52所示。

图3-51　"色相/饱和度"对话框

图3-52　调整树叶的角度和色调

选中"背景"图层，执行"图像"｜"调整"｜"反向"命令，调整完的效果如图3-53所示。继续执行"图像"｜"调整"｜"色彩平衡"命令，打开"色彩平衡"对话框，设置各项数值如图3-54所示。调整完的效果如图3-55所示。

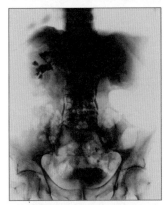

图3-53　反向后的效果

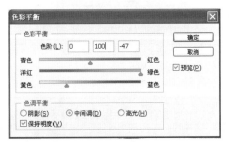

图3-54　"色彩平衡"对话框

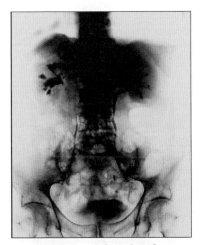

图3-55　反向后的效果

在工具箱中单击 "画笔工具" 按钮，在
"选项栏"的画笔类型下拉列表中选择"裂缝石
墙纹理"，将主直径的数值调整为350px，设置前
景色为"黑色"，然后在图层面板中单击 "添
加矢量蒙版"按钮，在添加的蒙版中对图像进行
遮盖，效果如图3-56所示。

接着选中"人物"图层，执行"图像"|"调
整"|"色相/饱和度"命令，调整各项数值如图
3-57所示。调整完成的效果如图3-58所示。

图3-56　蒙版遮盖效果

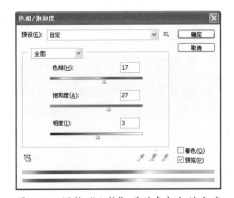

图3-57　调整"人物"层的色相与饱和度

图3-58　调整人物层的效果

将"人物"层的图层模式更改为"变亮"，
效果如图3-59所示。

将"树叶"层的图层模式更改为"色相"，
更改后的效果如图3-60所示。

图3-59 调整"人物"层的图层模式

图3-60 合成"树叶"层的效果

在工具箱中单击 T "文本工具"按钮,设置"字体"为Perpetua Titling...,字号为14号,然后输入文本IT'S A SECRET。至此,整个实例制作完成,效果如图3-48所示。

3.8 戏如人生

在前面介绍了一些Photoshop中选区的相关基础知识和创建与编辑选区的方法与技巧,下面通过一个"戏如人生"的实例来进一步讲解选区工具与其他工具搭配使用的方法。

3.8.1 实例分析与效果预览

本实例将要绘制一个"戏如人生"的海报,效果如图3-61所示。通过本实例的制作主要使用户熟悉将一些相关的图片素材合成一张海报作品的基本流程,对选区工具的使用技巧有更深入的了解。在本实例中主要涉及文本工具、填充工具、选框工具、图层混合模式等内容的使用方法。

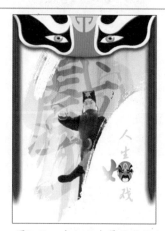

图3-61 戏如人生最终效果

3.8.2 制作方法

1. 合成背景

首先要新建一个文件。执行"文件"|"新建"命令,在弹出的"新建"对话框中设置文件大小为

595×842像素，在"名称"文本框中输入文件名"戏如人生"，单击"确定"按钮保存设置。

导入素材"竹"，将其拖入到文件中，执行"图像"｜"调整"｜"色相/饱和度"命令，在如图3-62所示的"色相/饱和度"对话框，选中"着色"复选框，并设置色调为偏冷的蓝绿色，如图3-63所示。

在图层面板中将此层的"不透明度"选项的数值调整为16%，效果如图3-64所示。

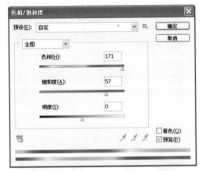

图3-62　"色相/饱和度"对话框

图3-63　调整色调

图3-64　调整透明度后的效果

2. 合成主体元素

导入素材"人物.jpg"，然后将其拖入到图层面板中，将"不透明度"选项的数值调整为12%，效果如图3-65所示。

图3-65　调整素材透明度后的效果

导入素材"脸谱1.jpg"，将其拖入到"图层"面板中，使用钢笔工具选中不需要的部分，将它们删除，并双击图层打开"图层样式"对话框，选中"投影"选项，设置各项数值如图3-66所示，设置完成后的效果如图3-67所示。

图3-66　调整"投影"选项的数值

图3-67　设置完成后的效果

在工具箱中单击 ✎ "画笔工具"按钮，然后在"画笔"下拉列表中选择5号画笔，在按住Shift键的同时绘制出胡须的效果，并且选中"投影"效果，绘制完成的效果如图3-68所示。

将其转换为普通图层，将此层放置在"人物.jpg"图层的下面，并将此层设置为"叠加"的模式，设置完成后的效果如图3-71所示。

图3-68　绘制胡须并选中阴影的效果

图3-70　导入素材后的效果

导入素材"笔触.jpg"，将其拖到"胡须"层的下面，将图层模式设置为"变亮"模式，设置完成后的效果如图3-69所示。

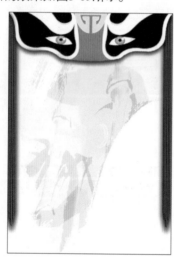

图3-69　导入素材并设置图层模式

再次将素材"人物.jpg"拖入到"图层"面板中，放置在"笔触.jpg"图层的下面，调整它到合适的大小比例，将图层模式设置为"亮度"模式，设置完成后的效果如图3-70所示。

在工具箱中单击 T "文本工具"按钮，输入文本"戏"，然后将其调整到合适的字体和字号，执行"图层"｜"栅格化"｜"文本"命令

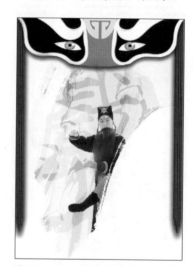

图3-71　输入文本并设置图层模式

将"脸谱1.jpg"图层复制一层，放置于倒数第三层，执行"滤镜"｜"模糊"｜"动感模糊"命令，在打开的"动感模糊"对话框中设置各项数值如图3-72所示，并设置此层的叠加模式为"排除"模式，设置"不透明度"选项的数值为59%，设置完成的效果如图3-73所示。

将此层复制一层，将其置于原图层的上方，设置它为"饱和度"叠加模式，叠加后的效果如图3-74所示。

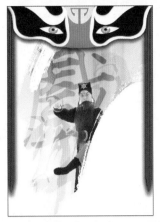

图3-72 "动感模糊"对话框　　　图3-73 设置叠加模式后的效果　　　图3-74 "饱和度"叠加效果

3.9 多媒体光盘界面设计

多媒体光盘界面设计也是人们在日常的制作过程中经常要碰到的设计，在本实例中就向用户介绍如何将各种各样的"糖人"等素材自然拼贴到一起，组成一个光盘的首页。

3.9.1 实例分析与效果预览

实例中综合使用了各种"图层模式"，希望通过本实例可以使用户对于界面设计的流程有一个大体的认识。

图3-75 最终效果

3.9.2 制作方法

1. 合成背景

首先导入素材图片"底纹.jpg"和"吉祥纹理.jpg"，将"底纹.jpg"拖入到"图层"面板中，如图3-76所示。

接着将"吉祥纹理.jpg"拖入到"图层"面板中并放置在首页。选中白色背景并将它删除，然后将此层的"不透明度"设置为45%，效果如图3-77所示。

图3-76　导入底纹素材

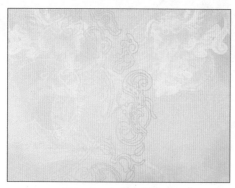

图3-77　合成吉祥纹理

2. 合成界面主体装饰元素

导入素材"糖人1.jpg"，调整它到合适的大小，然后选中白色背景并将它们删除，如图3-78所示。双击图层打开"图层模式"面板，选中"外发光"选项，设置数值如图3-79所示。设置完成的效果如图3-80所示。

图3-78　导入素材并编辑

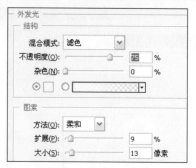

图3-79　设置图层模式

新建一层，在工具箱中选中"矩形选框"工具，在界面的底部绘制出一个矩形框，并且填充红色，效果如图3-81所示。

图3-80　设置图层模式后的效果

图3-81　绘制选区并填充颜色

导入素材"木纹"，并将它放置在糖人所在图层与红色填充层之间，如图3-82所示。将此层的图层模式更改为"颜色加深"，设置"不透明度"选项的数值为46%，效果如图3-83所示。

图3-82 导入木纹素材

图3-83 设置图层样式与透明度后的效果

新建一层，在工具箱中选中"矩形选框"工具，在木纹的上侧边沿绘制出一个矩形框，并且填充粉色(R：245，G：84，B：84)，效果如图3-84所示。接下来使用画笔工具绘制出窗格的纹理，效果如图3-85所示。

图3-84 绘制粉色矩形条

图3-85 绘制窗格纹理

导入素材"糖人2.jpg"、"糖人3.jpg"和"糖人4.jpg"，选中背景色并删除，调整它们到如图3-86所示的位置。

图3-86 导入素材并编排

3. 输入界面文本

在工具箱中单击 T "文字工具"按钮，打开"字符"面板设置各项数值，如图3-87所示。然后分别输入文本"说"、"塑"、"赏"，同样设置"外发光"的图层样式，数值如图3-79所示，设置完成的效果如图3-88所示。

图3-87 在"字符"面板中设置

新建一个文字层，在"字符"面板设置各项数值，如图3-89所示。然后输入文本"糖人"，并且为它制作两个副本。最终效果如图3-75所示。

图3-88　输入文本

图3-89　在"字符"面板中设置

4. 制作二级界面

将默认"背景"图层填充黑色，然后导入素材图片"彩色底纹.jpg"并将它拖入到"图层"面板中，放置如图3-90所示。

图3-90　导入背景图片

图3-91　导入糖人素材并编排

接着导入素材"糖人5.jpg"，删除其白色背景并将它放置于左下角作为装饰，如图3-91所示。双击图层打开"图层样式"对话框，选中"投影"和"外发光"选项，设置各项数值如图3-92所示。设置完成的效果如图3-93所示。

图3-92　设置图层样式

图3-93　设置图层样式后的效果

按照前面介绍的方法输入文本"巴蜀糖艺"，放置如图3-94所示。

图3-94　输入文本

接下来新建一层，在工具箱中选中"画笔工具"，在"画笔"下拉列表中选中100号画笔。将"前景色"设置为"水蓝色"(R：1，G：139，B：220)，在界面右上方绘制出蓝色的水晕，如图3-95所示。

将此层复制一层，将复制图层的图层模式设置为"柔光"模式，效果如图3-96所示。

图3-95　绘制蓝色水晕

图3-96　复制图层并设置图层模式

新建一层，在工具箱中选中"画笔工具"，在"画笔"下拉列表中选择39号画笔，然后绘制出界面上侧的笔触效果，如图3-97所示。

导入素材"热区响应按钮.jpg"，将白色背景删除并将它们放置在如图3-98所示的位置，最后输入相应文本，最终效果如图3-75所示。

图3-97　绘制出笔触效果

图3-98　最后导入热区响应按钮

使用相同的方法制作出其他的几个界面，效果如图3-99至3-103所示。

图3-99　其他界面效果展示(一)

图3-100　其他界面效果展示(二)

图3-101　其他界面效果展示(三)

图3-102　其他界面效果展示(四)

图3-103　其他界面效果展示(五)

3.10　雪景

　　经过前面一个风景合成的实例的学习，相信读者对于风景合成的基本步骤已经有所了解，接下来的这个实例中将把一张晴天的图片变成一张大雪覆盖的冷色调图片。此种合成方式的难度要超出上一实例，而且涉及了色调等多方面的因素，需要在实践中慢慢提高。

3.10.1　实例分析与效果预览

　　本实例中综合使用了"去色"、"色相/饱和度"、"曲线"、"镜头光晕"和"色彩平衡"等滤镜命令，并使用了"变暗"图层模式和各种基本绘图工具。最终的效果如图3-104所示。

图3-104　最终效果

3.10.2　制作方法

1.初步合成

导入素材图片"风景合成.jpg"，然后将它拖入到"图层"面板中，将其复制一层，执行"图像"|"调整"|"去色"命令，为其去除颜色，并且将此层的叠加模式设置为"变暗"，效果如图3-105所示。

图3-105　为复制层去色并改变叠加模式

然后单击 "创建调节层"按钮，依次创建3个调节层"色相/饱和度"、"曲线"和"色彩平衡"，设置各项数值如图3-106所示。

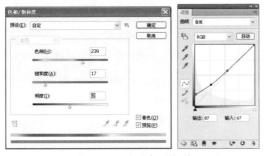

图3-106　设置各项数值

图3-106　（续）

设置完成后的效果如图3-107所示。然后找一些雪山的素材图片将它们拼贴进来，效果如图3-108所示。

图3-107　设置完各项调节数值后的效果

图3-108　将雪山素材粘贴进来

然后使用 ✐ "橡皮擦工具"将不需要的背景部分删除，只留下雪山部分，如图3-109所示。

图3-109　删除不需要的背景部分

新建一层，在工具箱中选中"画笔工具"，然后在"画笔"下拉列表中选择65号画笔，将前景色设置为"白色"，在"选项栏"中设置"不透明度"选项的数值为30%，绘制上淡淡的云雾效果，如图3-110所示。

图3-110　绘制出淡淡的云雾效果

导入一张合适的云层素材，如果感觉色调不对可以自己进行调节，同样使用 ✐ "橡皮擦工具"将不需要的背景部分删除，使云层和白雾之间可以自然的过渡，效果如图3-111所示。

图3-111　合成云层图片并自然过渡

2. 制作大雪的凹凸感

接着新建一层，结合"仿制图章工具"仿制一些云彩效果到此图层上，使雪山与近处的礁石的交界线不那么明显，如图3-112所示。

图3-112　复制云彩使雪山与礁石的交界线变得朦胧

下面要制作冰雪覆盖的雪地的效果，新建一层，在工具箱中选中"画笔工具"，将前景色设置为"蓝灰色"(R：200，G：207，B：217)，然后绘制雪地的效果并且调节蓝天的色调与之呼应，如图3-113所示。

现在的雪地看起来十分的假，不够逼真，所以要进一步进行塑造。新建一层，将前景色设置为"蓝灰色"(R：125，G：157，B：188)，然后使用"画笔工具"绘制出湖泊的形状，并结合加深和减淡工具绘制出阴影效果，如图3-114所示。

图3-113　绘制冰雪覆盖的大地

图3-114　绘制出湖泊的形状并绘制阴影效果

新建一层，按住Alt键的同时在新建层与湖泊层之间单击，然后使用"仿制图章工具"在"蓝灰色"图层上复制湖水的纹理，如图3-115所示。然后在图层面板中设置此层的不透明度为55%，在"图层模式"下拉列表中选择"滤色"模式，效果如图3-116所示。

图3-115 复制湖水纹理

图3-116 改变图层模式和不透明度数值后的效果

再新建一层，使用"画笔工具"绘制出雪地的凹凸感，绘制完的效果如图3-117所示。此时的整体效果如图3-118所示。

图3-117 绘制雪地的凹凸感

图3-118 绘制雪景后的整体效果

3. 添加光照效果

新建一层，执行"滤镜"｜"渲染"｜"镜头光晕"命令，打开"镜头光晕"对话框，设置完成后的效果如图3-119所示。然后继续添加雪景的贴图，使雪看起来有厚度，效果如图3-120所示。

图3-119 镜头光晕的效果

图3-120 绘制雪地的厚度

最后先新建一层，使用"画笔工具"绘制出缤纷的飞雪效果，再新建一层，制作出白色的反光效果，最终效果如图3-104所示。

3.11 梦幻城堡

在接下来的"梦幻城堡"的实例中将向读者介绍图片合成的基本过程，最终实现将几张完全不相关联的图片合成一张图片。

3.11.1 实例分析与效果预览

梦幻城堡的最终效果如图1-121所示。通过本实例的制作主要使用户熟悉图片合成的一般过程，在制作过程中要注意整体色调的统一，合成元素衔接的自然与和谐，还有在颜色的统一过程中要扣住主题"梦幻"。

本实例中主要使用了"橡皮擦"工具、"渐变填充"工具和"画笔"工具，并且涉及了"变化"、"去色"和"色相/饱和度"等图像调整命令。

图3-121　梦幻城堡效果图

3.11.2　制作方法

1. 导入素材图片

首先执行"文件"｜"打开"命令，在"打开"对话框中选中并单击"打开"按钮导入合成所需要的图片素材，从左至右依次为"城堡"、"船"和"云层"，如图3-122所示。

图3-122　图片素材

2. 云层背景合成

首先要新建一个文件。执行"文件"｜"新建"命令，在弹出的如图3-123所示的"新建"对话框中设置文件大小为485×645像素，在"名称"文本框中输入文件名"梦幻城堡"，单击"确定"按钮保存设置。

先将"云层"素材拖入到"梦幻城堡"文件中，然后新建一层，在工具箱中单击 "渐变工具"按钮，然后在"选项栏"中单击 "可编辑渐变"按钮，在弹出的如图3-124所示的"渐变编辑器"对话框中设置好要填充的颜色，然后回到图层中进行填充，填充后的效果如图3-125所示。

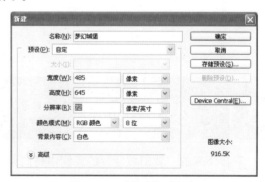

图3-123　"新建"对话框

图3-124　"渐变编辑器"对话框

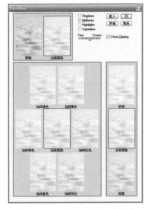

图3-127　Variations对话框

3. 合成城堡素材

将"城堡"素材拖入到"梦幻城堡"文件中，并放置在最顶层，如图3-128所示。然后单击 "矢量蒙版"按钮添加蒙版，然后在工具箱中单击 "画笔工具"按钮，设置 "前景色"为"黑色"，将城堡周围的没有用的场景遮盖住，如图3-129所示。此时的图层面板如图3-130所示。

图3-125　填充渐变效果

在"图层模式"下拉列表中选择"叠加"选项，如图3-126所示。

回到"云层"所在图层，执行"图像"|"调整"|"变化"菜单命令，打开如图3-127所示的Variations"变化"对话框，然后单击"加深黄色"和"较亮"按钮，调整成如图所示的效果，单击OK按钮保存设置。

图3-128　拖入素材

图3-126　改变图层模式

图3-129　添加蒙版

图3-130　"图层"面板

单击选中城堡，执行"图像"｜"调整"｜"去色"命令，然后接着执行"图像"｜"调整"｜"色相/饱和度"命令，打开如图3-131所示的"色相/饱和度"对话框，拖动"色相"滑块，将城堡调整成"淡紫色"，效果如图3-132所示。

图3-131　"色相/饱和度"对话框

图3-132　调整后的效果

4. 合成船素材

将"船"素材拖入到"梦幻城堡"文件中，如图3-133所示。单击 "矢量蒙版"按钮添加蒙版，然后在工具箱中单击 "画笔工具"按钮，设置 "前景色"为"黑色"，将船周围的没有用的场景遮盖住，如图3-134所示。

图3-133　拖入素材

图3-134　添加蒙版

在工具箱中单击 "画笔工具"按钮，在"选项栏"中调整"不透明度"选项的数值为32%，调整"流量"选项的数值为43%，调整 前景色为淡紫色(R：242，G：149，B：212)。

新建一个图层，淡淡地绘制上一层淡紫色的色调，然后在"图层模式"下拉列表中选择"变亮"选项，最终效果如图3-121所示。

第4章　文本与路径的应用

本章展现：

本章将学习文本、形状与路径工具的工作原理，以及它们的创建与编辑方法。并通过几个实例的讲解，将理论联系实际，在实例中进一步讲解。

本章的主要内容如下：

- 文本的创建
- 文本的编辑与处理
- 路径的创建
- 路径的编辑与调整

4.1 文本的创建与编辑

Photoshop中的文字由基于矢量的文字轮廓(即以数学方式定义的形状)组成，这些形状描述的是某种字样的字母、数字和符号。许多字样可用于一种以上的格式，最常用的格式有Type1(又称PostScript 字体)、TrueType、OpenType、New CID 和 CID 无保护(仅限于日语)。Photoshop保留基于矢量的文字轮廓，并在用户缩放文字、调整文字大小、存储PDF或EPS文件或将图像打印到PostScript打印机时使用它们。

4.1.1 创建文本

在Photoshop中包含有"点文本"、"段落文本"和"路径文本"3种形式，下面就分别来进行讲解。

1. 创建点文本

在Photoshop的工具箱中包含有 T，"横排文本工具"、 T "竖排文本工具"、 T "横排文字蒙版工具"和 "竖排文字蒙版工具"，其输入后的显示效果如图4-1所示。

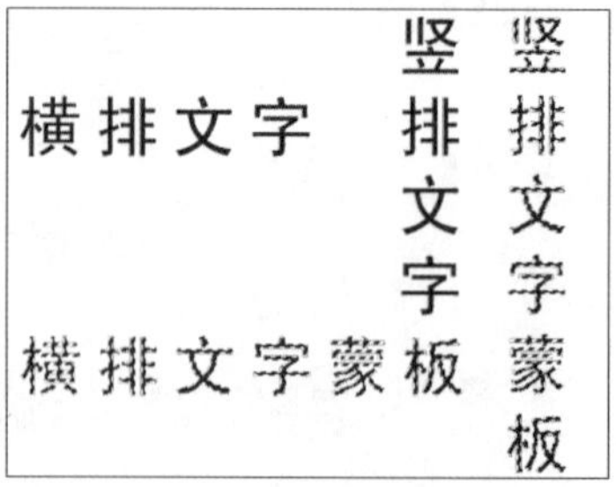

图4-1　4种文本输入效果

输入点文本的方法非常简单，用户可以在工具箱中选中以上介绍过的任意一种文本输入工具，然后在如图4-2所示的"选项栏"中设置文本的各项属性，设置完成后将光标移动到绘图区域中单击鼠标，即可进入文本的编辑状态，输入完毕后，在"选项栏"中单击 ✓ "提交当前所有编辑"。

字体选项　字号选项　平滑度选项　对齐方式　颜色选项
图4-2　文本"选项栏"

2. 创建段落文本

前面介绍了少量文本的输入方法，但是，当有大段的文本需要输入的时候，这种输入方式就难以达到要求了，因为它不能够自动换行，要借助于Enter键来实现，不利于工作效率的提高。在这种情况下，用户就可以选择段落文本输入方式，它可以实现在一个指定的范围内输入一段文字，而且在输入的过程中会自动换行。

输入段落文本的方法也非常简单，同样在工具箱中选择一种文本输入格式，在此选择 T "竖排文本工具"，然后将光标移到绘图区中，按下鼠标左键不要松开并拖动出一个矩形框，然后将所需要的文本拷贝到矩形框中即可，如图4-3所示。

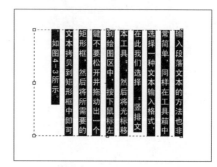

图4-3　输入段落文本

图4-4　路径文本的输入

3. 创建路径文本

"路径文本"是指沿着开放或封闭的路径的边缘流动的文字。当沿水平方向输入文本时，字符将沿着与基线垂直的路径出现。当沿垂直方向输入文本时，字符将沿着与基线平行的路径出现。如果输入的文字超出段落边界或沿路径范围所能容纳的大小，则边界的角上或路径端点处的锚点上不会出现手柄，取而代之是一个内含加号(+)的小框或圆，如图4-4所示。

路径文本的输入方式和前面有些不用，用户需要先在工具箱中单击 ✎ "钢笔工具"按钮，按照自己的需求创建一条路径，然后在工具箱中选择一种文本输入方式，将光标移动到路径的一端，在光标变为 ⚡ "路径文本"输入方式的时候单击鼠标，然后输入的文本就会沿路径排列。如图4-5所示即为几种不同的路径文本的效果。

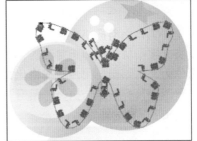

图4-5 路径文本的输入效果

4.1.2 文本的编辑与处理

Photoshop提供了全面的文本控制功能，可以制作出意想不到的效果，同时文字变形操作可以使文本自由的扭曲变化创建出各种文字特效，当用户输入的内容有错误或者对格式不满意时，可以任意地修改和编辑。

1. 字符与段落面板

用户在输入了文本之后，可以通过字符与段落面板来从新设置文本的属性。用户在工作区右侧单击 A "字符"按钮，即可打开如图4-6所示的"字符与段落"面板。在此面板中用户可以任意地修改字体，字间距，文字颜色等内容，在此就不展开来论述了，一些设置的方法将在下面的实例中进行讲解。

图4-6 "字符与段落"面板

2. 查找和替换文本

利用文字的查找和替换功能可以方便用户查找和替换某些单词，文字的查找与替换方法非常简单，用户可以先在"图层"面板中选中需要的文本，执行"编辑"|"查找和替换文本"命令，即可打开"查找和替换文本"对话框，如图4-7所示，在"查找内容"文本框中输入要查找的内容，然后在"更改为"文本框中输入要更改成的内容，然后单击"更改"按钮即可，如果要更改图片中涉及的所有内容，只要单击"更改全部"按钮，最后单击"完成"按钮即可保存设置。

图4-7 "查找和替换文本"对话框

3. 更改文字图层的方向

文字图层的方向决定了文字行相对于文档窗口或外框的方向。当文字图层的方向为垂直时，文字上下排列；当文字图层的方向为水平时，文字左右排列。不要混淆文字图层的取向与文字行中字符的方向。更改文字图层的方向的方法是先在"图层"面板中选中需要的文本，执行"图层"｜"文字"｜"水平"命令，或者执行"图层"｜"文字"｜"垂直"命令即可。

4. 栅格化文字

在Photoshop中，某些命令和工具(如滤镜效果和绘画工具)不可用于文字图层，用户必须在应用命令或使用工具之前栅格化文字。通过栅格化命令可以将文字图层转换为正常图层，并使其内容不能再作为文本编辑。用户在栅格化文字内容的时候只要选中目标图层，执行"图层"｜"栅格化"｜"文字"命令即可。

5. 变形文字

文本工具可以对文本进行各种各样的变形，比如扇形、波浪形等等。用户在"选项栏"中单击  "变形文本"按钮即可打开如图4-8所示的"变形文字"对话框，在"样式"下拉列表中选择不同的选项即可达到不同的效果，如图4-9所示即为以文本HAPPY为例进行的变形，上图为"扇形"选项的效果下图为"旗帜"选项的效果。

图4-8 "变形文字"对话框

图4-9 "变形文本"效果

4.2 FASHION

接下来通过一个名为"FASHION"的实例来熟悉文本工具的使用方法。最终效果如图4-10所示。

图4-10 最终效果

4.2.1 实例分析与效果预览

在本实例的制作过程中要先输入文本，然后将文本栅格化为普通图层，并且通过填充渐变色和"图层样式"来制作文本的立体效果。这种效果往往在时尚感较强的服装、手机等内容的广告招贴和网站中使用。

4.2.2 制作方法

1. 输入并设置文本

新建一个文件，将其命名为"FASHION"，并设置文件大小为640×480像素，分辨率为72像素。

在工具栏中单击 T "横排文本工具"按钮，在"选项栏"中设置"字体"为Arial Black，设置字号为110号，设置填充色为"黑色"，如图4-11所示。然后输入文本FASHION，效果如图4-12所示。

图4-11　设置文本属性

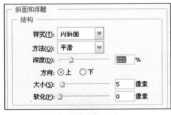

图4-12　输入文本的效果

在"图层"面板中双击文字层，打开"图层样式"面板，选中"斜面和浮雕"和"渐变叠加"选项，设置"斜面和浮雕"和"渐变叠加"选项的数值，如图4-13所示。设置完成的效果如图4-14所示。

图4-13　设置"图层样式"的数值

图4-14　设置后的效果

2. 栅格化文本并填充颜色

将FASHION文本层复制一层，然后去掉所有的图层样式，执行"图层"｜"栅格化"｜"文本"命令，栅格化文本。接着执行"编辑"｜"变换"｜"垂直翻转"命令，将文本翻转，然后使用"橡皮擦"工具将下端进行渐变擦除，效果如图4-15所示。

图4-15　阴影效果

在"图层"面板中双击文字层，打开"图层样式"面板，选中"渐变叠加"选项，设置"渐变叠加"选项的数值与图4-13所示相同。设置完成的效果如图4-16所示。

图4-16　叠加颜色

新建一层，在工具箱中单击 "矩形选框工具"按钮，然后绘制一个长条的矩形，再设置它的填充色为深紫色到浅紫色的过渡，填充完成后的效果如图4-17所示。在"图层模式"下拉列表中选择"变亮"模式，设置后的效果如图4-18所示。

使用同样的方法将渐变层制作一个副本，并垂直翻转，更改图层模式为"变亮"，最终效果如图4-10所示。

图4-17　填充颜色

图4-18　更改叠加模式

4.3　金属字

接下来通过一个名为"金属字"的实例来进一步熟悉文本工具的使用方法。最终效果如图4-19所示。

图4-19　最终效果

4.3.1　实例分析与效果预览

本实例中的文字效果常见于一些汽车等金属制品的广告招贴中。同样采用输入文本并栅格化，然后添加各种图层样式。

4.3.2　制作方法

1. 绘制背景金属块

新建一个文件，将其命名为"金属字"，并设置文件大小为800×600像素，分辨率为72像素。

在工具箱中单击□"圆角矩形"按钮，然后在绘图区域中绘制一个圆角矩形，在"路径"面板中单击○"将路径转换为选区"按钮，然后回到"图层"面板中填充"暗红色"(R：128，G：0，B：0)。

接着执行"编辑"｜"变换"｜"扭曲"命令，然后将其拖拽成一个平行四边形，效果如图4-20所示。

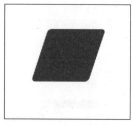

图4-20　填充颜色并变形

接下来制作金属质感，在工具箱中单击■"渐变工具"按钮，在"选项栏"中单击▬▬▬◨"可编辑渐变"按钮，打开"渐变编辑器"对话框，设置一个红色的金属渐变效果，如图4-21所示。

然后在图层中按住Ctrl键的时候激活选区，

然后填充上渐变颜色,接着在工具箱中单击  "钢笔工具"按钮,绘制出如图4-22所示的路径,在"路径"面板中单击  "将路径转换为选区"按钮,将路径转换为选区。

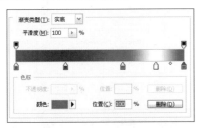

图4-21 设置金属渐变色

图4-22 绘制路径

在工具面板中单击 "加深工具"按钮,然后在"选项栏"中将"曝光度"的数值设置为30%,加深后的效果如图4-23所示。使用同样的方法将另一侧也进行修整,修正后的效果如图4-24所示。

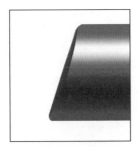

图4-23 加深边缘

图4-24 调整后的效果

双击图层,打开"图层样式"面板,选中"投影"选项,设置各项数值如图4-25所示。然后将其拖动到 "创建新图层"按钮上,将此层复制3层并依次排开,并执行"图像"|"调整"|"色调/饱和度"命令,调整色调,如图4-26所示。

图4-25 调整投影选项的数值

图4-26 制作3个副本

2. 输入并设置文本

在工具箱中单击 T "文本工具"按钮,在"选项栏"中设置"字体"为Arial Black,"字号"为150号,"文本颜色"为"白色",在"字符"面板中单击 T "斜体"按钮,并单击Caps Lock键,输入文本L。

执行"图层"|"栅格化"|"文字"命令,将文本转换为普通图层。双击图层打开"图层样式"面板,选中"斜面和浮雕"选项,设置各项数值如图4-27所示。然后在图层面板中按住Ctrl键的同时激活选区,填充一个"灰色"到"白色"的渐变效果,设置完成后的效果如图4-28所示。

图4-27 设置"斜面和浮雕"选项

图4-28　输入文本并设置效果

再次打开"图层样式"面板，选中"外发光"选项，设置各项数值如图4-29所示。使用同样的方法输入文本Y、F、E，并进行设置，设置后的效果如图4-30所示。

最后再新建一层，并按照金属按钮的大小比例填充浅灰色，执行"滤镜"｜"模糊"｜"动感模糊"命令，在弹出的"动感模糊"对话框中设置"角度"为0，"距离"为44，设置完成后同样制作3个副本，放置于每一个金属条的下面。最终效果如图4-19所示。

图4-29　设置外发光效果

图4-30　输入文本后的效果

4.4　路径的创建

在Photoshop中进行的绘图包括创建矢量形状和路径。在Photoshop中，用户可以使用任何形状工具、钢笔工具或自由钢笔工具进行绘制。

4.4.1　路径的基本元素

一个路径是由多个点组成的线段或曲线，"点"是指所有在图形对象和线条对象的路径上存在的可以通过它们的移动改变其形状的节点，"线段"则是指存在于两个点之间的曲线部分。在Photoshop中有"开放式路径"和"封闭式路径"两种，终点与始点没有连接的路径称为"开放式路径"，终点与始点连接的路径成为"封闭式路径"，如图4-31所示，上图为开放式路径，下图为封闭式路径。

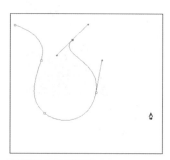

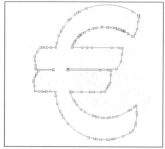

图4-31　绘制路径

4.4.2 路径控制面板

"路径"面板与"图层"面板相似，若工作界面中没有显示"路径"面板，用户可以执行"窗口"｜"路径"命令，或者在右侧的缩略图标中单击 ◫ 路径 "路径"按钮打开"路径"面板，如图4-32所示。

图4-32　路径面板

其中各项的主要含义如下。

- "路径缩略图"选项：它用于显示当前路径的内容。

- "路径名称"选项：它用于显示路径的名称，用户可以自己更改路径名称。在默认情况下，Photoshop会自动命名为路径1，路径2。

- "路径功能按钮"选项组：使用路径功能按钮可以实现很多巧妙的功能，在此功能按钮组中包括 ● "用前景色填充路径"按钮，○ "用画笔描边路径"按钮，🔾 "将选区转换为路径"按钮，🗑 "删除路径"按钮，○ "将路径转换为选区"按钮。

4.4.3 创建路径

在Photoshop中创建路径的方法是多种多样的，其中用 ◈ "钢笔工具"创建路径是最常用、最灵活的方法之一。用户可以使用该工具创建各种直线和曲线路径。

使用钢笔工具创建路径的方法非常简单，用户要先在工具箱中单击 ◈ "钢笔工具"按钮，然后将鼠标移动到绘图区域中单击鼠标左键，即可创建第一个锚点，然后将鼠标移动到第二目标点，单击鼠标左键即可创建第二个目标点，并且在两个目标点之间生成一条开放式的直线路径，如图4-33所示。

使用同样的方法完成绘制其他线段的工作，当最终绘制到起始位置的时候，在鼠标的右下方会出现一个圆圈。此时单击鼠标左键即可绘制一个封闭式的路径，例如，绘制一个皮鞋的封闭路径，如图4-34所示。

图4-34　为皮鞋创建封闭路径

图4-33　创建路径

4.4.4 设置路径的属性

选中钢笔工具后，即可在"选项栏"中设置路径的属性，如图4-35所示。

图4-35　钢笔工具属性栏

其中主要选项的含义如下。

- ▣ "形状图层"按钮：此按钮用于创建新的形状图层，选择该按钮时，在绘制路径的同时建立一个形状图层，路径内的区域就会填充当前前景色。
- ▨ "路径"按钮：此按钮用于创建新的

工作路径。单击该按钮，只能绘制出工作路径。

- ▢ "填充像素"按钮：选中该按钮后，可以直接在绘图区中的区域中填充前景色。
- ☑自动添加/删除 "自动添加/删除"按钮：此选项用于添加或删除锚点。

4.4.5 利用形状工具创建路径

在Photoshop中用户可以利用形状工具制作出特定的造型，而不需要自己去绘制，可以大大地节省作者的时间。工具箱中主要包括▢ "矩形工具"按钮，◯ "椭圆形工具"按钮，◥ "直线工具"按钮，▢ "圆角矩形"按钮，▨ "自定义形状"按钮，◯ "多边形工具"按钮。其中各项的主要功能如下。

- ▢ "矩形工具"按钮：此工具可以很方便地绘制出矩形或正方形。
- ◯ "椭圆形工具"按钮：此工具可以很方便地绘制出圆形或椭圆形。
- ◥ "直线工具"按钮：使用此工具可以绘制出直线，箭头等。在"粗细"文本框中可以输入数值来设置线条的粗细程度。
- ▢ "圆角矩形"按钮：此工具可以绘制出圆角的矩形或椭圆形。在绘制过程中，用户可以通过在"选项栏"中改变"半径"选项的数值来设置圆角的圆滑度，默认情况下半径的数值是10个像素。如图4-36所示，上图为半径为20的圆角，下图为半径为200的圆角。
- ▨ "自定义形状"按钮：使用此工具可以绘制出各种预设的形状，例如蜗牛，箭头等。用户在选中▨ "自定义形状"工具后，可以在"选项栏"中展开如图4-37

所示的形状下拉列表，在其中选定自己喜欢的形状。

图4-36　不同半径的圆角效果

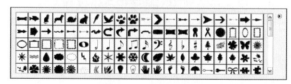

图4-37　形状下拉列表

- ◯ "多边形工具"按钮：多边形工具可以绘制出三角形、五角形等多边形，在绘制过程中，用户可以通过在"选项栏"中设置"边数"来决定绘制出的图形的边数。

4.5　路径的编辑与调整

新建路径后，往往免不了要反复调整才能达到满意的效果。接下来就介绍一些路径的编辑与调整的基本方法。但是，要通过大量的实践才能达到熟练应用路径工具的程度。

4.5.1 选择路径和锚点

在编辑和修改路径之前首先要选定路径，用户可以通过在工具箱中单击 ▶ "直接选择工具"按钮和 ▶ "路径选择工具"按钮来实现。

▶ "直接选择工具"用于对现有路径的选取与调整，并且它可以移动每一个锚点的位置。
▶ "路径选择工具"用于选中整个路径，如图4-38所示，上图为直接选择工具，下图为路径选择工具。

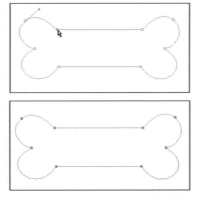

图4-38 直接选择工具与路径选择工具对比

4.5.2 增加与删除锚点

用户可以通过增加和删除锚点来改变路径的锚点的位置和遇险的弯度。在工具箱中单击 ✎ "添加锚点工具"按钮，即可在路径上增加锚点；单击 ✎ "删除锚点工具"按钮，然后在绘图区中单击想要删除的锚点即可；单击 ▶ "转换点工具"按钮，可以调整曲线的弧度。用户只需要在需要调节的锚点上单击并拖拽即可，如图4-39所示。

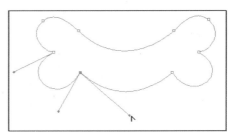

图4-39 调节锚点

4.5.3 路径与选区的转换

路径和选区是可以相互转换的，将路径转换为选区的方法其实在前面已经介绍过了，就是选定已经绘制好的路径，然后在"路径"面板中单击 ○ "将路径转换为选区"命令即可，如图4-40所示。

图4-40 将路径转换为选区

Photoshop CS4

4.6 保龄球

经过理论学习后，接下来就切实地在实例中体会一下。

本实例主要使用钢笔工具绘制了一组保龄球，目的是使用户在实际的操作过程中来熟悉前面讲解的理论知识。绘制完成的最终效果如图4-41所示。

图4-41 最终效果

新建一个文件，将其命名为"保龄球"，并设置文件大小为400×300像素，分辨率为72像素。

在工具栏中单击 "钢笔工具"按钮，在选项栏中单击 "路径"按钮，然后绘制出保龄球左半边的形状，如图4-42所示。

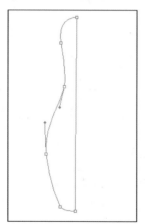

图4-42 绘制保龄球的半边路径

然后，在"路径"面板中单击 "转换为选区"按钮，在"图层"面板中新建一层，填充上白色。再将其复制一层，执行"编辑"｜"变换"｜"水平翻转"命令，然后将这两个图层合并在一起，在按住Ctrl键的同时单击图层激活选区，如图4-43所示。

新建一层，在按住Alt键的同时在两个图层之间单击鼠标左键，此时的两个图层如图4-44所示，这样"图层3"中会自动以"图层2"的轮廓为选区。然后在工具箱中单击 "画笔工具"按

钮，在"选项栏"中设置画笔的大小为35像素，将"不透明度"的数值设置为30%，设置"前景色"为浅灰色(R：204，G：204，B：204)，回到新建层中进行绘制，绘制后的效果如图4-45所示。

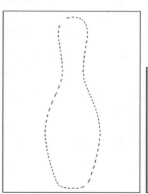

图4-43 激活选区　　图4-44 "图层"面板

图4-45 绘制瓶颈

使用同样的方法继续绘制，绘制后的效果如

图4-46所示。然后在工具箱中单击 ✒ "钢笔工具"按钮，在瓶颈部绘制一个选区，如图4-47所示。在"路径"面板中单击 ○ "转换为选区"按钮，然后在"图层"面板中新建一层，填充上红色的渐变色。使用同样的方法再制作一层。

按照相同的方法陆续把后面的几个元素绘制出来，并且调整好前后的色调与阴影关系。如图4-48所示。最后添加上背景，最终效果如图4-41所示。

图4-48　绘制所有的元素

图4-46　调整整体感觉　　图4-47　在瓶颈部绘制
一个选区

4.7　短靴广告

接下来通过一个名为"短靴广告"的实例来进一步熟悉钢笔工具的使用方法。最终效果如图4-49所示。

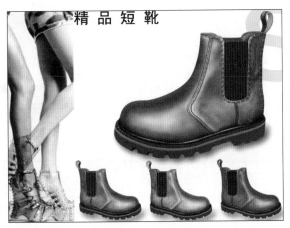

图4-49　最终效果

4.7.1　实例分析与效果预览

在此实例中大量使用了"钢笔工具"来绘制出短靴的各个部分，然后使用"加深"与"减淡"工具来制作出短靴皮质的感觉，最后通过设置"图层样式"来完成鞋口处"弹力棉"部分的制作。

4.7.2 制作方法

1. 绘制鞋底部分

新建一个文件，将其命名为"短靴广告"，并设置文件大小为640×480像素，分辨率为72像素。

在工具栏中单击 "钢笔工具"按钮，在选项栏中单击 "路径"按钮，然后绘制出短靴所需要的路径。本实例中需要创建数个路径，包括鞋底、鞋面等部分，在这里就不再一一讲解了，如图4-50所示的为"路径"面板，具体的效果用户可以在原文件中进行参考。

图4-50 "路径"面板

绘制完路径后在"路径"面板中选中"路径1"图层，单击 "将路径转换为选区"按钮，回到"图层"面板中新建一层，将"前景色"设置为"灰蓝色"(R：51，G：58，B：61)，然后填充颜色，效果如图4-51所示。

激活选区，然后在工具箱中单击 "矩形选框工具"按钮，然后在键盘上单击方向键，向下移动3个像素，执行"选择" | "反向"命令，将选区反选，然后在工具箱中单击 "减淡工具"按钮，将反选区域的颜色减淡，制作出一种边缘的受光面的效果，如图4-52所示。

图4-51 绘制鞋的底部部分

图4-52 制作出边缘的效果

按Ctrl+D按钮取消选区，然后执行"滤镜" | "杂色" | "添加杂色"命令，打开如图4-53所示的"添加杂色"对话框，选中"单色"选项和"高斯分布"选项，设置数量的值为12.5%。设置完成后单击"确定"按钮保存设置。效果如图4-54所示。

图4-53 "添加杂色"对话框

图4-54 添加杂色后的效果

绘制完路径后在"路径"面板中选中"路径2"图层，单击 "将路径转换为选区"按钮，然后回到"图层"面板中新建一层，同样借助于移动选区的方法填充颜色，上半部分填充"深棕色"(R：71，G：61，B：56)，下半部分填充"棕黄色"(R：119，G：96，B：75)。并且也添加杂色，添加后的效果如图4-55所示。

新建一层，在按住Alt键的同时在新建图层和它下面的图层之间单击鼠标左键，这样新建图层会自动以下面图层的轮廓为蒙版。在工具箱中单击 "画笔工具"按钮，然后设置填充色为"淡黄色"（R：122，G：101，B：85），制作出一种针脚效果，并且双击图层，打开"图层样式"对话框，选中"投影"选项，然后设置"距离"和"大小"的数值为2，设置完成后的效果为4-56所示。

图4-55　填充颜色

图4-56　添加针脚效果

2. 绘制鞋面部分

按照前面介绍的方法，绘制出鞋子的其他部分，并且借助于 "加深工具"和 "减淡工具"来制作皮质的感觉，部分效果如图4-57所示，具体的操作步骤用户可以参照源文件来进行学习。

图4-57　局部绘制后的效果

图4-57　（续）

3. 绘制"弹力棉"部分

接下来制作皮鞋的"弹力棉"部分，在制作皮鞋内部的时候，首先要在"路径"面板中选中"路径5"并激活选区。新建一层，并且设置填充色为"灰绿色"（R：142，G：126，B：111），然后填充颜色，如图4-58所示。

双击"图层"打开"图层样式"对话框，选中"图案叠加"选项，并设置各项数值如图4-59所示。设置完成后的效果如图4-60所示。

图4-58　局部绘制后的效果

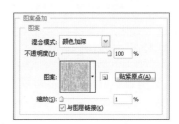

图4-59　设置"图案叠加"选项

图4-60　图案叠加后的效果

图4-63　设置投影后的效果

　　新建一层，使用同样的方法填充剩余的部分并叠加图案，效果如图4-61所示。

　　最后在建立的第一个图层上双击鼠标左键，打开"图层样式"对话框，选中"投影"选项，并设置各项数值如图4-62所示。设置完成后的效果如图4-63所示。

图4-61　皮鞋内部肌理效果

图4-62　设置"投影"选项

　　在"图层"面板的底部单击 □ "创建新组"按钮，新建一个文件夹，将其命名为"鞋"，将前面新建的所有图层都拖到这个文件夹中。然后将此文件夹拖到 □ "创建新图层"按钮上，将它复制3次。然后分别在这3个文件夹上单击鼠标右键，在弹出的快捷菜单中选择"合并组"命令。并且调整它们的色调、大小比例与方向，如图4-64所示。

　　最后添加广告语和背景，最终效果如图4-49所示。

图4-64　制作副本

4.8　梦想

　　接下来通过制作一个名为"梦想"的海报来向用户展示文字在作品中的魅力。

4.8.1　实例分析与效果预览

　　在此实例中重点使用了文本来填充画面，与人物构成一幅海报，效果如图4-65所示。实例的制作过程并不繁琐，这正充分说明了恰当地使用文字工具可以起到事半功倍的作用。

图4-65 海报"梦想"的最终效果

4.8.2 制作方法

首先导入素材图片"背影.jpg",然后将它拖入到"图层"面板中,在工具箱中单击 ✏️ "橡皮擦工具"按钮,在"选项栏"中设置"不透明度"和"流量"选项的数值为15%,然后将素材的边缘擦除,效果如图4-66所示。

新建一层,在工具箱中单击 🖈 "仿制图章工具"按钮,然后选取素材图中蓝色的背景,将右侧的两只鸽子遮盖掉,效果如图4-67所示。

然后在工具箱中单击 T "文本工具"按钮,在"选项栏"中设置"字体"为Book Antiqua,设置"字号"为12号,设置文本式样为"斜体",设置"文本颜色"为"淡蓝色"(R:150,G:216,B:246),然后输入一段文本,如图4-68所示。

图4-66 导入素材并擦除边缘　　　图4-67 遮盖住不需要的鸽子　　　图4-68 输入第一段文本

接下来将文本颜色设置为"白色",输入第二段文本,如图4-69所示。

在按住Ctrl键的同时单击文本层,激活选区,然后新建一层,将"前景色"调整成比文本色更深的颜色，然后使用"画笔工具"绘制出一种颜色渐变的效果，如图4-70所示。

接下来重新单击 T "文本工具"按钮，在"选项栏"中设置"字体"为Impact，设置"字号"为48号，设置"文本颜色"为"白色"，然后输入文本SKY，如图4-71所示。

最后补充上副标题、标志和其他的元素，最终效果如图4-65所示。

图4-69　输入第二段文本

图4-70　制作文本渐变色的效果

图4-71　输入标题文本

4.9　牛奶广告

在日常工作中，难免会碰到绘制产品包装盒，包装袋等内容，这时候该如何处理呢？接下来通过一个名为"牛奶广告"的实例来介绍制作软包装的方法与技巧。

4.9.1　实例分析与效果预览

通过此实例来进一步熟悉使用"钢笔工具"制作软包装的方法与技巧，这其中也涉及了"图层样式"、"渐变填充"、"变形文本"、"加深工具"和"减淡工具"等工具的使用。最终效果如图4-72所示。

图4-72　最终效果

4.9.2　制作方法

1. 绘制纸盒

首先使用"钢笔工具"绘制出纸壳包装的正面的形状，并且单击  "将路径转换为选区"工具，回到"图层"面板中新建一层，并且填充一个"白色"到"绿色"的渐变效果，如图4-73所示。

在"图层"面板中双击此图层，打开"图层样式"对话框，选中"图案叠加"选项，设置各项数值如图4-74所示，填充效果如图4-75所示。

图4-73　绘制纸壳正面　图4-74　添加"图案叠加"
　　　　　并填充颜色　　　　　　　　效果

图4-75　填充图案

接下来使用相同的方法绘制好纸质包装的侧面并填充相同的图案，效果如图4-76所示。然后绘制纸盒的顶部，并填充"绿色"（R：199，G：244，B：92），效果如图4-77所示。接下来使用"加深工具"将顶部的受光面和背光面的效果制作出来，如图4-78所示。

此时选中纸质包装的侧面所在的图层，在工具箱中单击  "加深工具"按钮，绘制出包装顶部投下的阴影效果，如图4-79所示。

图4-76　绘制纸壳侧面　图4-77　绘制纸壳顶部

图4-78　绘制顶部的立体感　图4-79　绘制顶部的阴影

绘制出纸质包装中间的凸起部分，并填充上渐变色，如图4-80所示。并且制作出包装顶部的厚度效果，调整整体的明暗效果，如图4-81所示。

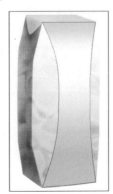　

图4-80　绘制纸壳凸起部分　图4-81　绘制顶部的厚度

2. 添加商标与其他元素

导入一个牛奶相关的素材图片，激活凸出的纸质包装所在图层的选区，并执行"选择" | "反向"命令将选区翻转，回到素材图层将不需要的部分删除，删除后的效果如图4-82所示。

图4-82　导入并裁切素材

双击此素材层，打开"图层样式"对话框，选中"颜色叠加"选项，设置叠加色为"绿色"（R：204，G：222，B：2），设置"混合模式"为"色相"，然后绘制上商品的商标，此时的效果如图4-83所示。

接下来输入商标文本和拼音首字母，选中"描边"和"渐变叠加"效果，如图4-84所示。

使用钢笔工具绘制出纸质包装的一个广告图标，并且填充上一个"绿色"至"橙色"的渐变

色，效果如图4-85所示。接着调整此图标的大小比例，并且选中"斜面和浮雕"选项，效果如图4-86所示。最后调整整体的效果并添加阴影，最终效果如图4-72所示。

图4-83　设置素材混合模式　图4-84　输入商标和文本

图4-85　绘制广告图标　图4-86　设置图层样式

4.10　运动无限

4.10.1　实例分析与效果预览

接下来再绘制一个名为"动力无限"的广告来进一步熟悉钢笔工具与其他工具的综合使用效果，并且在此实例中用户还要重点学习不同材质的鞋子的质感的绘制方法。此实例模仿了耐克的运动鞋广告，这里重在学习绘制方法，具体的创意来自于耐克公司，最终绘制效果如图4-87所示。

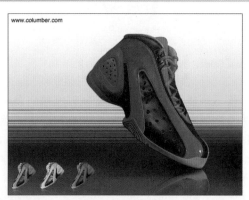

图4-87　最终效果

4.10.2 制作方法

1. 绘制基本形状

首先在工具箱中单击 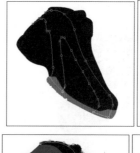 "钢笔工具"按钮，然后在"路径"面板中新建一层，绘制出运动鞋的轮廓，如图4-88所示，然后将路径转换为选区，在"图层"面板中新建一层，并填充上"黑色"，如图4-89所示。

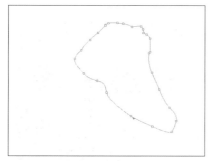

图4-88　绘制运动鞋轮廓的路径

图4-89　为路径填充颜色

接下来使用同样的方法绘制出运动鞋的不同部分的路径，并且在"图层"面板中新建图层并填充颜色，如图4-90所示。

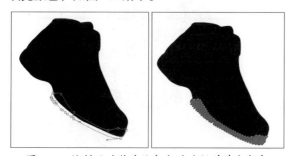

图4-90　绘制运动鞋其他部分的路径并填充颜色

图4-90　（续）

下面将红色的填充部分暂时隐藏，然后在"路径"面板中新建一层，使用"钢笔工具"绘制出运动鞋后部的塑料部分并在"图层"面板中新建一层并填充红色，如图4-91所示。然后双击图层打开"图层样式"对话框，选中"斜面和浮雕"选项，设置各项数值如图4-92所示，设置完成后的效果如图4-93所示。

图4-91　绘制运动鞋后部的塑料部分

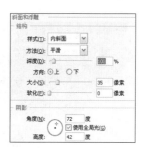

图4-92　设置"斜面和浮雕"选项

图4-93　设置后的效果

2. 制作底部塑料纹理

同样设置运动鞋边缘的"图层样式"为"斜面和浮雕"，效果如图4-94所示。新建一层，勾选出装饰纹并填充"红色"，将选区向左移动一个像素，并使用加深工具将选区内的颜色加深，效果如图4-95所示。

然后取消选区，双击此图层，打开"图层样式"对话框，选中"投影"和"斜面和浮雕"选项，设置"斜面和浮雕"选项的数值如图4-96所示。设置后的效果如图4-97所示。

使用相同的方法绘制出其他的装饰纹，效果如图4-98所示。接下来在工具箱中单击![]"减淡工具"按钮，然后在"选项栏"中设置"曝光度"选项的数值为17%，然后将受光部分的颜色减淡，效果如图4-99所示。

图4-94　选中"斜面和浮雕"后的效果

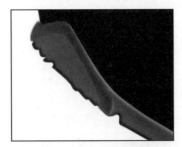

图4-95　填充并加深颜色

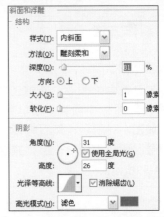

图4-96　设置"斜面和浮雕"选项

图4-97　设置图层样式后的效果

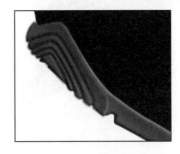

图4-98　填充并加深颜色

图4-99　减淡鞋面颜色后的效果

3. 制作皮质透气孔

接下来要绘制鞋上的透气孔效果，先新建一层，在工具箱中单击 🔘 "椭圆选框工具"按钮，在按住Shift键的同时绘制一个正圆，并填充黑色的渐变色，如图4-100所示。再新建一层，将其放置在刚才的图层的下面，并且再绘制一个正圆，填充灰色，然后双击打开"图层样式"面板，选中"内阴影"选项，设置各项数值如图4-101所示，设置完成的效果如图4-102所示。

图4-100　绘制正圆　　　图4-101　设置"内阴影"
　　　　并填充颜色　　　　　　　　选项

图4-102　设置完成的效果

绘制完成后将它们按照不同的大小和位置排列开，如图4-103所示。然后使用"加深工具"与"减淡工具"根据气孔的排列制作出皮质的凹凸效果，如图4-104所示。

回到最初的黑色填充层，执行"滤镜"｜"杂色"｜"添加杂色"命令，打开"添加杂色"对话框，选中"高斯分布"选项，设置"数量"选项的数值为5%，单击"确定"按钮保存设置，效果如图4-105所示。

图4-103　排列气孔后的效果

图4-104　制作皮质的质感

图4-105　添加杂色效果

使用"画笔工具"来绘制出运动鞋的针脚和高光效果，然后同样使用"加深工具"与"减淡工具"来绘制出皮质的光感与凹凸效果，如图4-106所示。

图4-106　绘制针脚与制作光感

4. 绘制鞋帮与制作塑料透气孔

接下来绘制鞋帮的部分，首先绘制出大体的轮廓与形状，如图4-107所示。

图4-107　绘制鞋帮部分的轮廓

此时，可以继续修饰运动鞋后部的塑料的红色装饰，效果如图4-108和图4-109所示。

图4-108　绘制红色装饰

图4-109　进一步绘制红色装饰

接下来要制作运动鞋后部的红色装饰的气孔，在"图层"面板中单击□"新建组"按钮新建一个组，并在此组中新建3个图层，在第一个图层上绘制一个正圆并填充"黑色"到"红色"的渐变颜色，在第二个图层上绘制一个小一点的正圆并填充"黑色"，在第三个新建层上绘制上白色的高光效果，然后将此组的内容制作数个副本，并排列开来，效果如图4-110所示。

选中鞋帮的轮廓层，然后双击此层打开"图层样式"对话框，选中"图案叠加"选项，设置

此选项的数值如图4-111所示。填充完成的效果如图4-112所示。

图4-110　制作红色装饰的气孔

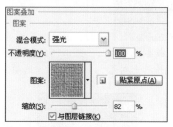

图4-111　设置"图案叠加"选项

图4-112　图案叠加后的效果

接下来继续给这个"图层"添加"投影"和"渐变叠加"两个图层样式，设置它们的数值如图4-113所示。设置完图层样式后的效果如图4-114所示。

图4-113　设置"投影"和"渐变叠加"两个图层样式

图4-114　设置完图层样式后的效果

这时候发现边缘还不够有立体感，所以再选中"斜面和浮雕"选项，设置它的数值如图4-115所示，效果如图4-116所示。新建一层，将前景色设置为"暗红色"，然后使用"画笔工具"绘制出内部的阴影效果，将"图层模式"设置为"正片叠底"，如图4-117所示。

图4-115　制作边缘的立体感

图4-116　边缘立体感效果

图4-117　添加内部的阴影效果

再新建一层，将"图层模式"设置为"滤色"模式，绘制出受光面的光感，如图4-118所示。

图4-118　添加光感后的效果

5. 绘制鞋带

接下来新建一层，使用"画笔工具"绘制出鞋带，并且注意自然穿插的鞋带的走向，如图4-119所示。双击图层打开"图层样式"对话框，选中"图案叠加"选项，设置其数值如图4-120所示，设置完成的效果如图4-121所示。

图4-119　绘制鞋带

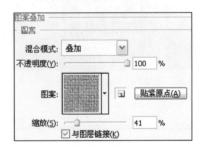

图4-120　设置"图案叠加"选项的数值

接下来使用"加深工具"与"减淡工具"绘制出鞋带的立体感，并且使用"画笔工具"绘制出鞋带上的纹理效果，如图4-122所示。

图4-121　叠加图案后 图4-122　制作出鞋带的
的效果 立体感

6. 绘制背景

新建一层，将它置于底部，然后使用"矩形选框工具"绘制出一个长方形，填充一个黑色的渐变效果，如图4-123所示。再新建一层，绘制上很有韵律感的横线，并且将前面绘制的鞋子合并图层，然后制作一个副本，使用"橡皮擦"工具将其擦除到比较自然的效果，阴影效果如图4-124所示。接着添加上其他的必要元素，如图4-125所示。

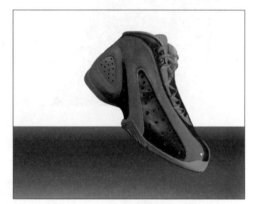

图4-123　绘制黑色背景

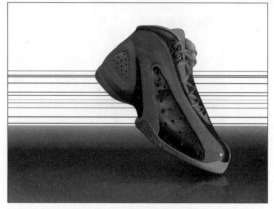

图4-124　绘制阴影效果

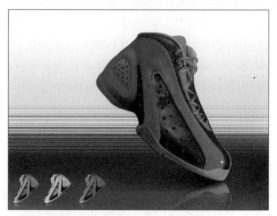

图4-125　添加上其他的必要元素

最后添加上广告的网站，最终效果如图4-87所示。

第5章　基本绘图工具的使用

本章展现：

本章将学习基本绘画工具的使用方法。通过使用基本绘画工具和技术，可以充分发挥不同工具的独特功能与优势，使用户可以修饰图像、创建或编辑Alpha通道上的蒙版。同时，通过使用画笔笔尖、画笔预设和许多画笔选项，可以发挥自己的创造力以产生精美的绘画效果，或模拟使用传统介质进行绘画。

本章的主要内容如下：

- 预设画笔工具
- 历史记录画笔的使用
- 铅笔与直线工具的使用
- 颜色的填充与设置

5.1 画笔工具

在本节中将首先向用户介绍画笔工具的使用方法,然后逐步地扩展到其他的绘图工具。

5.1.1 预设画笔工具

"预设画笔"是一种存储的画笔笔尖形状(大小、形状和硬度)等定义的命令。用户可以将经常使用的一些笔尖组合形式存储为预设画笔。

用户可以将一组画笔选项存储为预设,以便能够迅速恢复到经常使用的画笔特性。Photoshop中包含若干样本画笔预设。可以从这些预设开始,对其进行修改以产生新的效果。此外,许多原始画笔预设可从Adobe公司的官方网站上下载。当用户更改预设画笔的大小、形状或硬度时,更改是临时性的。下一次选取该预设时,画笔将使用其原始设置。要使所做的更改成为永久性的更改,用户需要创建一个新的预设。

1. 选择预设画笔

选定了一种画笔笔尖效果后,用户在右侧的缩略按钮组中单击 "画笔"缩略按钮即可展开"画笔"面板。单击"画笔笔尖形状"选项,如图5-1所示,其中的几个主要选项的含义如下。

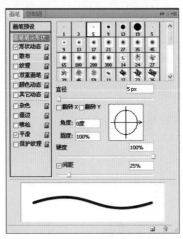

图5-1 "画笔"面板

● "直径"选项:

它用于暂时更改画笔大小。拖动滑块,或在右侧的文本框中输入一个数值,即可更改画笔大小。如果画笔具有双笔尖,则主画笔笔尖和双画

笔笔尖都将进行缩放。

● "使用取样大小"选项:

如果画笔笔尖形状基于样本,则使用画笔笔尖的原始直径。

● "硬度"选项:

此选项用于临时更改画笔工具的消除锯齿量。如果此选项的数值为100%,则画笔工具将使用最硬的画笔笔尖绘画,但仍然消除了锯齿。而铅笔工具始终绘制没有消除锯齿的硬边缘。

2. 新建和自定义画笔

用户可以将自定义画笔存储为出现在"画笔"面板、"画笔预设"选取器和"预设管理器"中的预设画笔。创建自定义画笔预设的一般方法如下:

在工具箱中单击 "画笔工具"按钮后,在如图5-2所示的"选项栏"的"画笔"下拉列表中选择"新画笔"选项,打开如图5-3所示的"画笔名称"对话框。

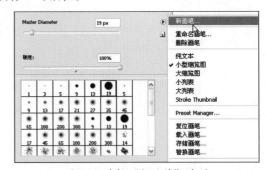

图5-2 选择"新画笔"选项

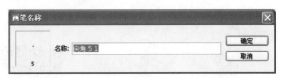

图5-3 "画笔名称"面板

在"名称"文本框中输入新的名称,单击"确定"按钮即可创建新的画笔。

3. 载入、存储和管理画笔预设

用户可以对预设画笔库进行管理，以此来组织画笔并仅让项目所需的画笔可用。

要载入预设画笔库，其方法是从图5-2所示的快捷菜单中选择"载入画笔"选项，打开如图5-4所示的"载入"对话框，选中需要载入的画笔，单击"载入"按钮即可。使用同样的方法也可以存储画笔。

图5-4 "画笔名称"面板

4. 设置画笔属性

选中画笔工具后，用户在如图5-5所示的"选项栏"中可以设置其属性。其中主要选项的含义如下：

图5-5 "画笔"选项栏

- "模式"选项：

选中画笔后，用户可以在其"模式"下拉列表中设置颜色混合模式。

- "不透明度"选项：

此选项用于设置工具的不透明度，其数值范围在1-100之间，数值越小其透明度越大。如图5-6所示，左图为不透明度为100%，右图的不透明度为50%。

图5-6 不同的透明度效果的比较

- "流量"选项：

此选项用于绘图颜色浓度的对比度，其数值范围在1~100之间，数值越小其颜色越浅。

5. 设置画笔笔尖形状

用户可以按照自己的需求自定义画笔的笔尖形状，在如图5-1所示的"画笔"面板中即可设置笔尖的形状，其中各选项含义如下。

- "直径"选项：它用于控制画笔大小。拖动滑块或者在文本框中输入数值即可。

- "角度"选项：它用于指定椭圆画笔或样本画笔的长轴从水平方向旋转的角度，在预览框中拖动指针或者在文本框中键入数值即可更改。

- "圆度"选项：它用于指定长轴与短轴的比例。同样可以在预览框中拖动指针或者在文本框中键入数值即可更改。需要提醒的是，0%表示线形画笔。

- "硬度"选项：它用于控制画笔硬度中心的大小。键入数字，在预览框中拖动指针或者在文本框中键入数值即可更改画笔的硬度。

- "间距"选项：此选项用于控制两个画笔之间的距离。如果要更改间距，拖动滑块即可。

接下来通过一个名为"彩色的羽毛"的实例来进一步熟悉画笔工具的使用方法。最终效果如图5-7所示。

新建一个文件，将其命名为"彩色的羽毛"，并设置文件大小为500×480像素，分辨率为72像素。

在工具箱中单击 "画笔工具"按钮，在"选项栏"的画笔下拉列表中单击 "展开"按钮，在展开的画笔扩展面板中选择"羽毛"选项，打开如图5-8所示的"画笔工具"面板。

图5-7　最终效果　　图5-8　"画笔"面板

图5-10　绘制羽毛　　图5-11　翻转图形

在此面板中选中第112号笔刷，再单击 "画笔工具"缩略按钮，展开"画笔"面板，选中"画笔笔尖形状"选项，设置"角度"选项的数值为180度，如图5-9所示。

回到绘图区域中，新建一层，单击鼠标左键绘制一个羽毛，效果如图5-10所示。

执行"编辑"|"变换"|"水平翻转"命令，效果如图5-11所示。

新建一层，在工具箱中单击 "渐变填充"工具，在"选项栏"中单击 "可编辑渐变"按钮，在弹出的如图5-12所示的"渐变编辑器"对话框中设置各项颜色。

然后回到绘图区域中，在按住Shift键的同时垂直绘制一个渐变效果，如图5-13所示。

在"图层模式"下拉列表中选择"滤色"选项，此时的效果如图5-14所示。最后通过使用画笔工具进行局部调整，加强对比度，最终效果如图5-7所示。

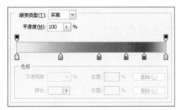

图5-12　设置各项颜色

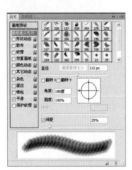

图5-9　设置笔刷选项

图5-13　填充效果　　图5-14　叠加效果

5.1.2　历史记录画笔工具

"历史记录画笔"工具是将指定历史记录状态或快照中的源数据，以风格化描边的方式进行绘画。通过尝试使用不同的绘画样式、大小和容差选项，可以用不同的色彩和艺术风格模拟绘画的纹理。

像  "历史记录画笔"工具一样，  "历史记录艺术画笔"工具也将指定的历史记录状态或快照用作源数据。但是，历史记录画笔通过重新创建指定的源数据来绘画，而历史记录艺术画笔在使用这些数据的同时，还使用用户为创建不同的颜色和艺术风格设置的选项。

5.1.3 铅笔工具

Photoshop是以编辑和处理图像为主的平面设计软件，但是为了应用的需要也包含了一些矢量图形处理功能，用户可以利用绘图工具绘制线条或曲线，并对绘制的线条进行填充与编辑，从而对图像进行更多的控制。

"铅笔工具"与 "画笔工具"类似，利用它可以绘制直线或曲线，在工具箱中单击"铅笔工具"，然后用鼠标单击或拖动即可绘制图形，如图5-15所示。

铅笔工具除了可以设置画笔、模式、不透明度外，还有一个"自动抹除"复选框，如图5-16所示。

图5-16 设置笔刷属性选项

当"自动抹除"复选框被选中后，铅笔即可实现自动擦除的功能，在与前景色颜色相同的区域中绘图时，会自动擦除前景色而填入背景色，也就是说将背景色涂抹到含有前景色的区域之上。

图5-15 用"铅笔工具"绘图

5.2 颜色的填充与设置

在Photoshop中提供了一系列颜色设置和获取工具，利用这些工具可以为图像添加颜色效果，下面就分别进行介绍。

5.2.1 前景色与背景色的设置

在Photoshop中选取颜色主要是通过设置"前景色"和"背景色"来完成，如图5-17所示。

"前景色"用于显示和选取当前绘图工具所使用的颜色，单击"前景色"按钮即可打开如图5-18所示的 "拾色器"对话框。在对话框中移动小光圈到需要的颜色位置，单击"确定"按钮即可。同样，"背景色"选项用于显示和选取图像的底色。

图5-17 前景色 与背景色

图5-18 "拾色器"对话框

5.2.2　颜色选取工具的使用

1.　"吸管工具"的使用

"吸管工具"用于帮助用户从图像中选取所需要的颜色，并将选取的颜色设置为前景色，省去了调整各种基色比例的过程，如果用户在按下Alt键的同时选取颜色，则可以将其设置为背景色。同其他的工具相同，用户也可以在"选项栏"中设置吸管工具的属性。

在"取样大小"下拉列表中罗列出了不同的取样方式。其中"取样点"选项表示单击的位置为当前选取的颜色，选取的颜色精确到一个像素单位，是系统的默认方式；"3×3平均"选项表示以3×3个像素的平均值来选取颜色；"5×5平均"选项表示以5×5个像素的平均值来选取颜色。

2.　"颜色取样器"的使用

"颜色取样器"用于在图像中同时对4个以内位置的颜色取样，以便在信息面板中获取颜色信息，利用"颜色取样器"在图像中需要取样的位置单击，在信息面板中显示出所取颜色的信息。

5.2.3　油漆桶工具和渐变工具的使用

用"油漆桶工具"和"渐变工具"都可以给对象填充颜色。"油漆桶工具"只对图像中相近的区域进行填充，此工具与"魔术棒工具"的使用方法相似，在填充颜色时会先对单击处的颜色取样，然后再进行填充。"渐变工具"则可以创建多种颜色间的混合，下面就通过基础知识与实例综合的方式来进行讲解。

1.　"油漆桶工具"的使用

"油漆桶工具"用于给与单击处色彩相近并相连的区域填充颜色或图案，在使用"油漆桶工具"填充颜色之前，需要先选定"前景色"或"背景色"，然后激活选区就可以填充了。下面通过一个具体的实例来介绍其使用方法。

接下来通过一个名为"装饰插画"的实例来进一步熟悉画笔工具的使用方法。最终效果如图5-19所示。

图5-19　最终效果

新建一个文件，将其命名为"装饰插画"，并设置文件大小为366×366像素，分辨率为72像素。

在工具箱中单击"自定义形状"按钮，在"选项栏"的"形状"下拉列表中选中如图5-20所示的图形，然后回到绘图区域中在按住Shift键的同时绘制出装饰画的形状，如图5-21所示。

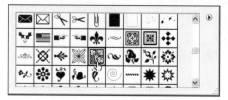

图5-20　选择所需的形状

切换到"路径"面板中，单击"将路径转换为选区"按钮将路径转换为选区，然后在工具箱中单击"椭圆形工具"按钮，在按住Alt键的同时将不需要的选区删除，仅保留花朵的形状，然后将"前景色"设置为"橙色"(R：255，G：102，B：0)，新建一层并填充颜色，效果如图5-22所示。

图5-21 制出装饰画的形状

图5-22 填充颜色

将"前景色"设置为"黑色",执行"编辑"|"描边"命令,在弹出的如图5-23所示的"描边"对话框中设置"宽度"的数值为2,单击"确定"按钮保存设置,效果如图5-24所示。

图5-23 "描边"对话框

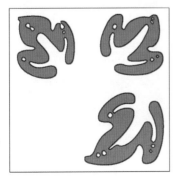

图5-24 描边效果

使用同样的方法,将其他部分填充上颜色,填充后的效果如图5-25所示。此时的画面还缺少一些重色的修饰。新建两层,然后分别为花朵和树干绘制上装饰效果,最终效果如图5-19所示。

图5-25 填充全部颜色后的效果

2. ▣ "渐变填充工具"的使用

▣ "渐变填充工具"可以创建多种颜色间的逐渐混合的效果。用户可以从预设渐变填充效果中选取或创建自己的渐变,这种渐变可以是"前景色"到"背景色"的过渡,也可以是"前景色"到"透明背景"之间的过渡效果。

用户使用"渐变工具"可以快速地制作出各种渐变效果,在使用渐变工具时,在"选项栏"中单击█████▓░┊ "可编辑渐变"按钮,便可以打开如图5-26所示的"渐变编辑器"对话框,利用它可以进行色彩选择和编辑渐变颜色,它是渐变工具最重要的部分。

图5-26 "渐变编辑器"对话框

指定了"渐变颜色"的"起点"和"终点"后,用户还可以指定渐变颜色在渐变条上的位置,其方法只要在渐变条中部的色标上按下鼠标并拖动即可;如果需要调整两种颜色之间的位置，则可以在渐变颜色条上按下中点标志并拖动鼠标即可；用户如果需要在渐变条中增加颜色，可以在渐变颜色条下面单击鼠标，添加颜色标志，然后给这个颜色标志设置一种颜色即可。

在渐变工具的工具栏上设置了5种不同的渐变工具，分别是 ▧ "线性渐变"、▧ "径向渐变"、▧ "角度渐变"、▭ "对称渐变"和▨ "菱形渐变"，利用这些渐变工具可以在图像中填入层次连续变化的颜色。各工具作用如下。

- ▧ "线性渐变"：用于从起点到终点做线性渐变。
- ▧ "径向渐变"：用于从起点到终点做放射形状的渐变。
- ▨ "角度渐变"：用于从起点到终点做逆时针渐变。
- ▭ "对称渐变"：用于从起点到终点做对称直线渐变。
- ▨ "菱形渐变"：用于从起点到终点做菱形渐变。

5.3 彩色多功能按钮

接下来通过一个名为"彩色多功能按钮"的实例来进一步熟悉画笔工具的使用方法。最终效果如图5-27所示。

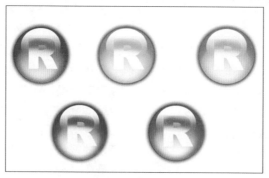

图5-27　最终效果

5.3.1 实例分析与效果预览

本实例中重点讲解了"渐变填充"工具的使用方法，这种透明水晶按钮虽然制作过程简单，却有非常好的视觉效果。

5.3.2 制作方法

新建一个文件，将其命名为"彩色多功能按钮"，并设置文件大小为640×480像素，分辨率为72像素。

在工具箱中单击 ○ "椭圆形工具"按钮，在按住Shift键的同时绘制一个正圆。再在工具箱中单击 ▧ "渐变填充工具"按钮，在"选项栏"中单击 ▧▬▭ "可编辑渐变"按钮，设置一个深蓝到浅蓝色的渐变，如图5-28所示。

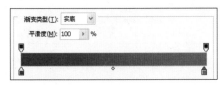

图5-28 设置渐变

在"选项栏"中单击█"线性渐变"选项，然后回到绘图区域中绘制填充色，效果如图5-29所示。

再新建一层，绘制一个椭圆的选区，执行"选择"｜"修改"｜"羽化"命令，在弹出的"羽化选区"对话框中设置"羽化半径"的数值为10，单击"确定"按钮保存设置。然后设置"前景色"为"白色"，在工具箱中单击█"油漆桶工具"按钮，然后填充上白色的渐变，效果如图5-30所示。

再新建一层，绘制一个椭圆的选区，在工具箱中单击█"渐变填充工具"按钮，在"选项栏"中单击█████"可编辑渐变"按钮，设置一个白色到浅蓝色的渐变，并且双击打开"图层样式"对话框，选中"阴影"选项，设置"扩展"选项的数值为4，"大小"选项的数值为9，单击"确定"按钮保存设置。填充效果如图5-31所示。

在工具箱中单击█"文本工具"按钮，然后输入字母R，执行"图层"｜"栅格化"｜"文字"命令，将文字层变为普通图层，按住Ctrl键的同时激活选区，然后填充白色至蓝色的渐变，效果如图5-32所示。

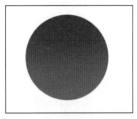 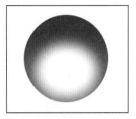

图5-29 填充渐变效果　图5-30 填充白色羽化渐变

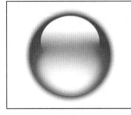 

图5-31 填充渐变　图5-32 为文字填充渐变色

按照相同的方法即可制作各种不同颜色的按钮效果。在本实例中一共制作了5种不同的按钮效果，如图5-27所示。

5.4　舞

通过这个名为"舞"的实例来讲解"画笔工具"与"图层模式"搭配使用的方法与技巧。最终效果如图5-33所示。

图5-33 最终效果

5.4.1 实例分析与效果预览

本实例中结合"选区"与"径向渐变"命令制作出了一个舞者的形象，并且配合上"叠加"图层模式，制作出一张具有中国少数民族特色的作品。

5.4.2 制作方法

新建一个文件，将其命名为"舞"。并设置文件大小为350×522像素，分辨率为300像素。

导入素材图片"舞素材"，如图5-34所示，这里将以此作为底板来进行绘制。选中白色区域，执行"选择"｜"反向"命令将选区反转，然后在工具箱中单击 "渐变填充工具"按钮，在"选项栏"中单击 "可编辑渐变"按钮，选中如图5-35所示的渐变色彩，并且选中 "径向渐变"方式。

图5-34 导入素材

图5-35 设置渐变色

新建一层，然后填充上渐变色，填充后的效果如图5-36所示。此时我们发现人物的身体比例

显得不够修长，而且没有一种舞者的感觉。所以接下来将人物的高度拉长20%，并且将人物的下半部分绘制上黄色渐变效果，如图5-37所示。

图5-36 填充渐变色的效果　　图5-37 变更人物比例并填充颜色

此时导入另外的两张素材图片"11.jpg"和"12.jpg"，将素材"12.jpg"拖入到文件中，调整其大小如图5-38所示。然后设置其叠加模式为"叠加"方式，效果如图5-39所示。

图5-38 调整素材大小　　图5-39 设置叠加方式

将素材"11.jpg"拖入到其他图层的下方，背景层的上面，然后在工具箱中单击 ▨ "橡皮擦"工具按钮，在"选项栏"中设置"不透明度"和"流量"的数值为20%，然后将不需要的部分擦除，擦除后的效果如图5-40所示。

将前面制作的所有素材叠加在一起的效果如图5-41所示。此时，用户会发现腰部的曲线强调得不够突出，所以结合画笔与选区工具来进行整体的调整，调整后的效果如图5-33所示。

图5-40 修改素材图片 图5-41 素材叠加的效果

5.5 金属按钮

5.5.1 实例分析与效果预览

接下来通过一个名为"金属按钮"的实例来进一步熟悉渐变填充工具的使用方法。最终效果如图5-42所示。

图5-42 最终效果

5.5.2 制作方法

新建一个文件，将其命名为"金属按钮"，并设置文件大小为400×400像素，分辨率为72像素。

新建一层，在工具箱中单击 ◯ "椭圆形选框工具"按钮，然后在按住Shift键的同时绘制一个正圆。再单击 ▨ "渐变工具"按钮，在"选项栏"中单击 ▨ "径向渐变"按钮，再单击 ▨ "可编辑渐变"按钮，在打开的对话框中设置一个"红色"到"黑色"的渐变效果，然后回到绘图区域中进行填充，填充的效果如图5-43所示。

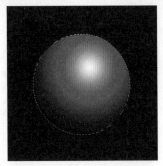

图5-43　绘制正圆并填充

将刚才制作的渐变层复制一层，然后选中处于下方的图层，按下Ctrl+T快捷键，在"选项栏"中设置"宽度"和"高度"选项的数值都为原来的115%，然后单击◨"渐变工具"按钮，在"选项栏"中单击▢"线性渐变"按钮，再单击▣"可编辑渐变"按钮，在打开的对话框中设置一个"白色"到"黑色"的渐变效果，然后回到绘图区域中进行填充，填充的效果如图5-44所示。

图5-44　制作渐变填充效果

按照同样的方法再复制一层，选中位于下方的图层，将它的长宽比例设置为115%，将它的渐变填充设置为与上一层相反的方向，效果如图5-45所示。

图5-45　制作渐变填充效果

执行Ctrl+E命令，将两个线性渐变的图层合并为一层。执行"图像"｜"调整"｜"色相/饱和度"命令，打开"色相/饱和度"对话框，选中"着色"复选框，然后为其填充红色，效果如图5-46所示。

在图层面板中按住Ctrl键的同时单击"径向渐变"所在图层，激活选区，然后新建一层，在工具箱中选中"画笔工具"，将其"前景色"设置为"深紫色"，在"选项栏"中设置"不透明度"和"流量"选项的数值为20%，然后绘制阴影效果，如图5-47所示。

图5-46　着色后的效果

图5-47　制作阴影效果

在工具箱中单击◈"钢笔工具"按钮，然后绘制一个弧形的填充区域，单击◯"将路径转换为选区"按钮，将其转换为选区。回到"图层"面板中新建一层，填充黑色。然后将此图层复制一层，并向下移动3个像素，然后填充白色，效果如图5-48所示。

新建一层，在工具箱中单击"画笔工具"按钮，然后在"选项栏"的"画笔"下拉列表中设置"硬度"选项的数值为100%，设置"直径"为3个像素，设置"前景色"的数值为"白色"，然后在绘图区域中按住Shift键的同时绘制直线，效果如图5-49所示。

图5-48　绘制路经并填充颜色

图5-49　绘制横线

在图层面板中将此层的"不透明度"设置为10%，效果如图5-50所示。

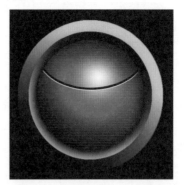

图5-50　设置不透明度的数值

最后按照前面介绍过的方法将其他的部分绘制完成，效果如图5-42所示。

5.6　奥运北京

5.6.1　实例分析与效果预览

接下来通过一个名为"奥运北京"的实例来进一步熟悉画笔工具的使用方法。最终效果如图5-51所示。

图5-51　最终效果

5.6.2　制作方法

1. 制作背景

新建一个文件，将其命名为"奥运北京"，并设置文件大小为1000×773像素，分辨率为72像素。

新建一层，在工具箱中单击 🖊 "钢笔工具"按钮，然后绘制出一个彩带的轮廓，如图5-52所示。在"路径"面板中单击 ⬭ "将路径转换为选区"按钮，将路径转换为选区。然后回到"图层"面板中来填充颜色。

在工具箱中单击 🖊 "画笔工具"按钮，在"选项栏"中设置"不透明度"选项的数值为50%，将"前景色"设置为"粉色"（R：253，G：186，B：186)，沿选区的边沿绘制出彩色的带状效果，如图5-53所示。

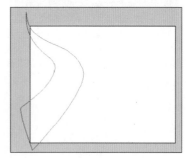

图5-52　绘制彩带的轮廓

图5-53　填充颜色

使用同样的方法勾选出不同的选区并分别填充颜色，效果如图5-54所示。

图5-54　绘制出不同的彩带

2. 绘制背景主体物

新建一层，在工具箱中单击 🖊 "钢笔工

具"按钮，同样绘制出一个彩带的轮廓并填充粉色，如图5-55所示。

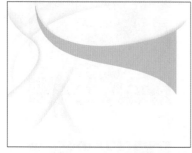

图5-55　绘制出彩带轮廓并填充颜色

导入素材图片"华表"，并且执行"编辑"｜"变换"｜"变形"命令，调整素材符合彩带的走向。在工具箱中选中 🩹 "橡皮擦工具"，在"选项栏"中设置"不透明度"选项的数值为30%，然后将不需要的部分擦除，制作出自然的渐变效果。如图5-56所示。

图5-56　导入素材并制作出自然的过渡渐变

导入素材"舞者"并拖入到"图层"面板中，选中背景并将其删除，然后将素材调整并放置在合适的位置，如图5-57所示。

图5-57　导入素材并且将背景删除

将此图层复制一层，在"图层"面板中设置此层"不透明度"选项的数值为45%，执行"编辑"｜"变换"｜"垂直翻转"命令，制作出阴影的效果，如图5-58所示。

图5-58 制作出倒影的效果

3. 输入相关文本

在工具箱中单击 T，"文字工具" 按钮，在 "字符" 面板中设置各项数值如图5-59所示，然后输入文本THE GREEN。在 "图层" 面板中双击打开 "图层样式" 面板，选中 "渐变叠加" 选项，设置各项数值如图5-60所示。

图5-59 在 "字符" 图5-60 添加 "图层样式"
面板中设置

接下来使用同样的方法输入文本Olympic，参考数值分别如图5-61和5-62所示。设置完成的效果如图5-63所示。

图5-61 在 "字符" 图5-62 添加 "图层样式"
面板中设置

图5-63 输入文本后的效果

然后添加上其他的相关要素，最终效果如图5-51所示。

5.7 剪纸

5.7.1 实例分析与效果预览

接下来通过一个实例来进一步讲解绘图工具。本实例将制作一个名为 "剪纸" 的海报，此实例中运用了大量的图片素材，拼贴出一张剪纸风格的作品。效果如图5-64所示。

图5-64 最终效果

5.7.2 制作方法

1. 绘制主体部分

首先导入各种图片素材，如图5-65所示。并依次将它们拖入到"剪纸"文件中。

图5-65 导入图片素材

调整各素材的大小比例并按照一定的审美比例排列，然后新建4层，分别制作4种不同色调的色彩条，然后在工具箱中单击 ![橡皮擦] "橡皮擦工具"按钮，在"选项栏"的"画笔类型"下拉列表中选择LONG选项，展开如图5-66所示的"画笔"面板。

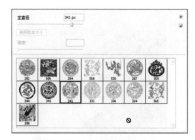

图5-66 LONG笔触选项

用户可以在此面板中任意选择自己喜欢的选项，并且边调整笔触的不透明度，边对色彩条进行处理，处理完成的效果如图5-67所示。

图5-67 调整后的效果

按照同样的方法，继续复制图片素材并进行排列调整，调整后的效果如图5-68所示。

继续制作剪纸上半部分的彩色条效果，并且在制作完成后选中所有图层，单击鼠标右键，在弹出的快捷菜单中选择"合并可见图层"命令，接下来执行Ctrl+T快捷键对组合的剪纸图形进行旋转，旋转后的效果如图5-69所示。

图5-68 调整后的效果　图5-69 调整后的效果

现在顶端的彩条看起来有些生硬，而且画面有些堵，所以接下来在工具箱中单击 "橡皮擦工具"按钮，同样在"选项栏"的"画笔类型"下拉列表中选择LONG选项，选中自己喜欢的画笔类型，然后对画面进行修整，效果如图5-70所示。

接下来将虚化的边缘修整整齐，并且调整边缘的色调为黄色，效果如图5-71所示。

图5-70 调整后的效果　图5-71 修整顶部

现在需要一把剪刀来配合画面，在工具箱中单击 "钢笔工具"按钮，绘制出剪刀的形状，切换到"路径"面板中，单击 "将路径转换为选区"按钮，将路径转换为选区，然后在"图层"面板中新建一层，设置前景色为"红色"(R：207，G：0，B：0)，填充剪刀选区，如图5-72所示。

调整剪刀的大小比例、旋转角度和位置，如图5-73所示。

图5-72 填充剪刀选区　图5-73 调整剪刀的位置

将如图5-74所示的图片素材复制一层，然后旋转并调整其角度。在工具箱中单击 "橡皮擦工具"按钮，在"选项栏"的"画笔类型"下拉列表中选择"环形组合图"选项，展开如图5-75所示的笔刷选项面板。

选择109号笔触，然后对旋转后的素材进行修饰，修饰完成后将其制作两个新的副本，并且排列如图5-76所示。

 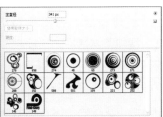

图5-74 复制素材　图5-75 "环形组合图"选项

图5-76 制作并排列副本

最后结合自定义形状工具绘制出底部的商标，最终效果如图5-64所示。

5.8 手绘风景

5.8.1 实例分析与效果预览

接下来通过绘制一张名为"手绘风景"的实例来综合了解画笔工具的使用方法,在此实例中并没有使用很多的工具,重点是通过调节"画笔工具"来完成整个实例,当然,在此实例的绘制过程中对手绘基础和软件的熟练程度要求较高,这方面用户可以在今后的学习过程中逐步加强。首先来看一下整张作品的最终效果,如图5-77所示。

图5-77　最终效果

5.8.2 制作方法

1. 铺陈大色调

新建一层,在工具箱中单击 "渐变工具"按钮,然后在"选项栏"中单击 "可编辑渐变"按钮,在弹出的"可编辑渐变"对话框中设置一个"紫灰色"(R:203,G:211,B:232)到"灰绿色"(R:144,G:156,B:147)的渐变效果,单击"确定"按钮保存设置,单击 "径向渐变"按钮,然后绘制一个渐变背景,如图5-78所示。

图5-78　绘制渐变背景

接下来的内容要用到"手写板",因为通过"手写板"绘制出来的效果会很自然,可以通过调节压感来使笔触有丰富的变化,当然,没有手写板的情况下也可以使用鼠标来绘制,只不过调节的过程稍微复杂一点,也可以达到相似的效果。

在工具箱中单击 "画笔工具"按钮,在"画笔"下拉列表中选择5号画笔,然后在"画笔"面板中切换到"画笔笔尖形状"选项卡,将"硬度"选项的数值设置为0%,然后边调节颜色,边大体绘制出远山效果,如图5-79所示。在绘制过程中,按下Alt键就可以切换到"吸管工具",松开鼠标,就可以恢复到画笔状态。

新建一层,这个时候要根据前面的颜色布局,来绘制出远处的场景,并且增加山川的起伏感,这里没有一个特别的数据可以提供给大家,要根据画面情况来自己调节,并且注意空间感的处理,效果如图5-80所示。

图5-79 大体绘制远山效果

图5-80 进一步增加山的起伏感

接下来分别新建4层，来绘制出远处层叠的远山，效果如图5-81~5-84所示。

图5-81 绘制出远处层叠的远山

图5-82 绘制出远处层叠的远山

图5-83 绘制出远处层叠的远山

图5-84 绘制出远处层叠的远山

2. 局部深入

然后通过使用"仿制图章工具"和"画笔工具"来绘制山上的树丛的纹理，细节效果如图5-85所示，整体效果如图5-86所示。

图5-85 绘制远山的细节效果

图5-86 整体效果展示

此时的远山并没有受光面与背光面的区分，

看起来非常平淡，所以新建一层，将受光面剪切下一部分，粘贴到背光面的部分，并提高它的亮度，调高画面的纯度，这样暗部看起来就比较透亮，如图5-87所示。

图5-87　绘制远山的细节效果

现在有了明暗的变化，但是却不够整体，画面看起来非常松散，所以结合"画笔工具"、"亮度/对比度"和"色相/饱和度"命令来进行整体调节，此时的细节效果如图5-88所示，整体效果如图5-89所示。

图5-88　远山的细节效果展示

图5-89　整体效果展示

3. 细节刻画

接下来接续绘制细节部分，远山的相接部分现在还是昏暗的一片，现在要将此部分进行深入

绘制，让颜色丰富起来，并且添加流水的效果，效果如图5-90所示。

图5-90　进一步绘制远山的细节部分

然后将绘制重点转到前半部分，绘制好近处的松树和山石，如果觉得手绘达不到理想的效果，可以通过导入一些素材图片并进行修整来完成，细节效果如图5-91所示。整体效果如图5-92所示。

图5-91　细节部分的松柏和山石

图5-92　画面整体效果

接下来绘制出瀑布的细节效果，并要制作出一种云雾缭绕的效果，这里除了使用"画笔工具"，还用到了"涂抹工具"、"减淡工具"和"加深工具"，瀑布细节效果如图5-93所示。

图5-94　岩石细节部分效果展示

图5-93　瀑布细节部分效果展示

图5-95　整体效果展示

接下来添加上岩石的纹理，这里要有足够的耐心，一开始很难达到理想的效果，但是反复调整后即可达到想要的效果，并且请用户根据绘画的不断深入来及时调整整体画面的效果，此时岩石的细节效果如图5-94所示，整体效果如图5-95所示。

最后调整整体的色调和虚实关系，使整个画面有一种神秘的色彩，效果如图5-96所示。最后添加上光晕效果，最终效果如图5-77所示。

图5-96　调整整体色调后的效果

Photoshop CS4

5.9　国粹

5.9.1　实例分析与效果预览

本节制作一个名为"国粹"的网页，此网页的制作过程中大量使用了"油漆桶工具"、"矩形选框工具"和"画笔工具"，设置完成的最终效果如图5-97所示。

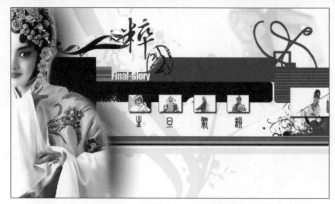

图5-97 "国粹"网页最终效果

5.9.2 制作方法

1. 绘制网页框架

导入素材"背景花纹.jpg"并将它拖入到"图层"面板中,执行"编辑"|"变换"|"旋转"命令,在"选项栏"中将旋转角度设置为35度,单击Enter键确定设置,然后在"图层"面板中将"不透明度"设置为23%,如图5-98所示。

首先绘制网页的框架,新建一层,在工具箱中单击□"矩形选框工具"按钮,绘制一个细长的矩形,执行"编辑"|"描边"命令,打开"描边"对话框,设置"宽度"为2像素,颜色为"砖红色"(R:162,G:3,B:3),单击"确定"按钮保存设置。如图5-99所示。

图5-99 绘制矩形框并描边

激活前面绘制的矩形框,新建一层,将前景色设置为"正红色",使用◇"油漆桶"工具填充上颜色,如图5-100所示。

图5-100 激活选区并填充颜色

再新建4层,分别绘制好矩形选框,并且分别填充上黑色、白和灰绿色(R:159,G:192,B:124),效果如图5-101所示。

导入素材图片"京剧人物.jpg"和"背景花纹2.jpg",调整它们的位置和大小比例。将"背

图5-98 导入背景花纹并调整透明度

景花纹2.jpg"的"图层模式"设置为"差值"。

图5-101 绘制矩形框并描边

选中"京剧人物.jpg"图层，将此层的"不透明度"选项的数值设置为23%。执行"图像"｜"调整"｜"去色"命令，再执行"滤镜"｜"模糊"｜"高斯模糊"命令，打开"高斯模糊"对话框，设置"半径"选项的数值为10%，然后选中"橡皮擦工具"，并将它的"不透明度"的数值设置为30%，将素材中不需要的部分擦除，擦除后的效果如图5-102所示。

图5-102 导入素材并调整后的效果

2. 制作页面装饰元素

新建图层，结合 "矩形选框工具"、"椭圆形选框工具"和 "圆角矩形工具"，并分别填充上黑色和暗红色，如图5-103所示。

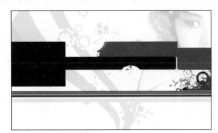

图5-103 绘制矩形框并描边

再新建几层，在工具箱中单击 "画笔工具"按钮，在"画笔"下拉列表中选择Swirlystripys02笔刷类型，然后绘制出边角的装饰效果，如图5-104所示。

图5-104 绘制出边角的装饰效果

3. 制作热区

接下来要制作热区部分了，单击 "新建文件夹"按钮创建一个文件夹来放置热区。在此文件夹下新建一个图层，在工具箱中单击 "矩形选框工具"按钮，绘制一个矩形，并填充"白色"。然后双击此层打开"图层样式"对话框，选中"投影"选项，设置各项数值如图5-105所示。然后将它制作3个副本，如图5-106所示。

图5-105 设置投影选项的数值

图5-106 绘制白色矩形框

再制作一个副本，将它放置在最右侧，但是要将它的大小比例放大，如图5-107所示。

图5-107 调整另一个矩形框的大小

将其他的图片素材导入到此文件夹中，并且

调整它们的大小比例和色调，调整完成后的效果如图5-108所示。

图5-108　导入图片素材并调整大小比例

从新将素材图片"京剧人物.jpg"拖入到"图层"面板中，然后在工具箱中单击 ▱ "橡皮擦工具"按钮，将人物的背景擦除。双击图层，打开"图层样式"对话框，选中"内发光"和"外发光"选项，设置它们的数值如图5-109所示。设置完成后的效果如图5-110所示。

图5-109　设置"图层样式"选项

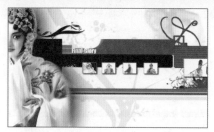

图5-110　导入图片素材并设置图层样式

导入事先准备好的书法字体的素材"国粹"两个字，并且调整它们的位置和大小比例，使其看起来美观，如图5-111所示。

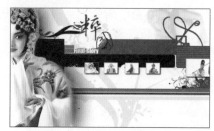

图5-111　导入标题"国粹"

最后添加上每个热区的提示文字，最终效果如图5-97所示。

第6章　图像的编辑与修改

本章展现：

本章将学习在Photoshop中利用模糊、锐化、涂抹、减淡、加深以及海绵等工具对图像进行修饰，产生特殊效果的方法；讲解利用标尺、度量工具、网络和参考线等辅助工具，进行光标的精确定位的方法；同时熟悉用于改变图形显示比例的缩放工具以及用于移动图像窗口的抓手工具。

本章的主要内容如下：

- 模糊工具组
- 加深减淡工具组
- 修复画笔工具组
- 图章工具组
- 橡皮擦工具组

6.1　模糊工具组

本节主要介绍在编辑图像中常用的工具。模糊工具组包括模糊工具、锐化工具和涂抹工具。三者总是相互联系，共同使用才会达到一个比较好的效果。

6.1.1　模糊工具的使用

使用 ⬧ "模糊工具"可以降低图像像素与像素之间的反差，使图像变得模糊和柔和，对比效果如图6-1所示。

使用模糊工具的方法很简单，用户只需要在工具箱中选择 ⬧ "模糊工具"，然后移动鼠标指针在图像中来回拖动即可。用户可以根据需要在如图6-2所示的"选项栏"中设置画笔大小。

图6-1　模糊前后对比效果

图6-2　在"选项栏"中设置模糊参数

在"选项栏"中设置的"画笔"的数值越大，模糊的范围越广，设置的"强度"的数值越大，模糊效果就越明显。在使用模糊工具时，如果按下Alt键则会变成锐化工具。

6.1.2　锐化工具的使用

使用 ⬧ "锐化工具"可以增加相邻图像之间的像素反差，使图像变得更清晰，效果如图6-3所示。

图6-3　锐化前后对比效果

使用锐化工具的方法与模糊工具相同，在工具箱中选择 △"锐化工具"，然后移动鼠标指针在图像中来回拖动即可。用户可以根据需要在"选项栏"中设置画笔大小，"画笔"的数值越大，锐化的范围就越广，设置"强度"的数值越大，模糊的效果也就越明显。

6.1.3 涂抹工具的使用

使用 🖐 "涂抹工具"可以产生类似手指在未干的画纸上涂抹的效果，使用涂抹工具的方法也很简单，只需要在图像中单击并拖动鼠标即可，效果如图6-4所示。

涂抹笔触的大小，软硬程度等参数同样可以通过"选项栏"来设置。此外，细心的读者会发现，在涂抹工具的"选项栏"中除了同前面两个工具相同的选项外，还多了一项"手指绘画"复选框，如果选中该复选框，涂抹工具使用的颜色则会与光标开始处的颜色相混合。例如将"前景色"设置为"黄色"，则起始位置处会出现黄色与原图的混合效果；如果设置为"红色"，同样出现红色的混合效果，如图6-5所示，左图"前景色"为"湖兰色"，右图"前景色"为"红色"。模糊工具、锐化工具与涂抹工具不能被用于位图与索引颜色模式的图像。

图6-5 设置不同的前景色的效果

当"自动抹除"复选框被选中后，铅笔即可实现自动擦除的功能，在与前景色颜色相同的区域中绘图时，会自动擦除前景色而填入背景色，也就是说将背景色涂抹到含有前景色的区域之上。

图6-4 涂抹前后对比效果

6.2 加深减淡工具组

加深减淡工具组包括减淡工具、加深工具与海绵工具，下面就具体介绍。

6.2.1 减淡工具的使用

使用 "减淡工具"可以改变图像的曝光程度，对于图像中局部曝光不足的区域，使用减淡工具后可以使局部区域的图像亮度增加。使用减淡工具的方法只需要在图像中单击并拖动鼠标即可，效果如图6-6所示。

如图6-7所示，用户同样可以在"选项栏"中设置"画笔"大小，在"范围"下拉列表中选择不同的工作参数，在"曝光度"文本框中输入需要调节的数值。

图6-6　使用减淡工具前后对比效果

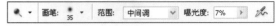

图6-7　设置减淡工具属性

"曝光度"的数值越大，减淡的效果就越明显，在"范围"下拉列表中有"阴影"、"中间调"和"高光"3个选项。其中"阴影"选项用于更改图像暗色区域的像素；"中间调"选项用于更改灰色调区域的像素；"高光"选项用于更改图像亮部区域的像素。

6.2.2 加深工具的使用

使用 "加深工具"可以改变图像的曝光程度，对于图像中局部曝光过渡的区域，使用加深工具可以使该区域的图像变暗，效果如图6-8所示。加深工具与减淡工具的"选项栏"是相同的，所以在此不再赘述。

接下来通过一个名为"跳动的音符"的实例来进一步熟悉加深与减淡工具的使用方法。最终效果如图6-9所示。

图6-9　最终效果

新建一个文件，将其命名为"跳动的音符"，并设置文件大小为400×564像素，分辨率为300像素。

首先导入素材图片"树叶.jpg"，然后将其拖入到"图层"面板中，分别执行"编辑" |

图6-8　加深工具使用前后对比

"调整"｜"色调/饱和度"命令和"编辑"｜
"调整"｜"亮度/对比度"命令来调节树叶的颜
色，最后调整树叶的大小比例，调整后的效果如
图6-10所示。

导入另一张图片素材"小提琴.jpg"，并调
整它的大小比例如图6-11所示。

在工具箱中单击 🔧 "魔术棒工具"按钮，
然后选中小提琴的白色背景，按Delete键将其删
除，删除后的效果如图6-12所示。

 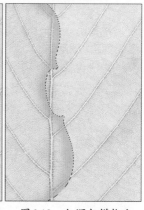

图6-12 白色背景删除后的　图6-13 加深与模糊小
　　　　效果　　　　　　　　　　提琴的边缘

图6-10 调整树叶的大小　图6-11 导入小提琴素材
　　　　比例与颜色　　　　　　　并调整

在"图层"面板中按住Ctrl键的同时单击
"小提琴"所在的图层，激活它的选区，然后单
击图层前面的 👁 "图层可视化"图标将其隐藏。
选中树叶所在的图层，在工具箱中选择 🖌 "加深
工具"，在"选项栏"中设置"曝光度"的数值
为15%，在"范围"下拉列表中选择"中间调"
选项，然后沿小提琴的外形进行加深，接着切换
到 💧 "模糊工具"，将刚才加深的部分与未加深
的部分进行融合，融合后的效果如图6-13所示。

回到"小提琴"所在的图层，单击 👁 "图层
可视化"图标使其显示。然后工具箱中单击 🔧
"魔术棒工具"按钮，然后选中小提琴的装饰花
纹等深色部分，使用同样的步骤回到树叶图层进
行加深，效果如图6-14所示。

图6-14 进一步勾勒小提琴的形状

接下来使用同样的方法，陆续地将琴弦、
连接的螺钉等细节部分制作出来，效果分别如图
6-15和图6-16所示。

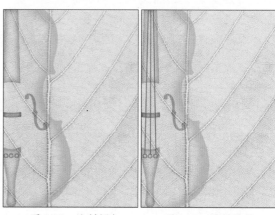

图6-15 绘制螺钉　　　图6-16 绘制琴弦

在工具箱中单击 T "文本工具"按钮，
在"选项栏"中设置"字体"为"方正水柱简

体"，设置"字号"为12号，设置"文本颜色"为"黑色"，然后输入文本"跳动的音符"，效果如图6-17所示。

在"图层"面板中双击文字层，打开"图层样式"面板，选中"外发光"选项，设置各项数值如图6-18所示。

最后，在工具箱中单击 T "文本工具"按钮，在"选项栏"中设置"字体"为"方正粗圆简体"，"字号"为3号，"文字颜色"为"黑色"，然后输入招贴的宣传语，最终效果如图6-9所示。

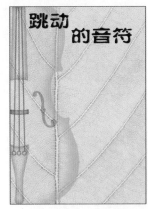 

图6-17　输入标题文本　　图6-18　调节外发光效果

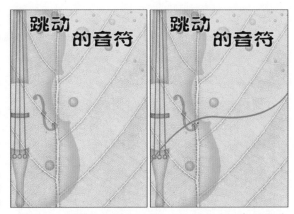

图6-19　绘制透明气泡　　图6-20　绘制出一条五线谱的路径

再在工具箱中单击 ✐ "画笔工具"按钮，在"选项栏"中的"画笔类型"中选择"球"类型的画笔，设置前景色为"浅绿色"(R：157，G：171，B：29)，然后绘制出大大小小不同的透明的泡泡，效果如图6-19所示。

结合钢笔工具，绘制出第一条五线谱的路径，效果如图6-20所示。

使用"复制"、"粘贴"的方法制作出另外的几条五线谱的曲线，效果如图6-21所示。

最后为五线谱曲线填充一个深绿色到亮绿色的渐变效果，具体的数值就不再罗列，用户可以参考源文件进行设置，填充完的效果如图6-22所示。

图6-21　复制五线谱的曲线　　图6-22　设置渐变填充

6.2.3　海绵工具的使用

🔘 "海绵工具"用于改变图像的饱和度。当需要增加颜色饱和度时，应在"选项栏"的"模式"下拉列表中选择"加色"选项；当需要减少颜色饱和度时，应在"模式"下拉列表中选择"去色"选项。如图6-23所示，相对于中间的同一幅图片，左边的为"去色"模式下的效果，右边为"加色"模式下的效果。

在灰度模式图像中，🔘 "海绵工具"通过靠近或远离中间灰色来增加或降低对比度。

注意

加深工具，减淡工具以及海绵工具不能在位图和索引颜色模式的图像中使用。

图6-23　修改前后对比效果

6.3　修复画笔工具组

经过前面的学习，读者已经掌握了图形编辑处理的方法，为了营造更好的视觉效果，有时还需要对图像作进一步加工处理。比如图像在扫描中容易产生一些折痕和斑点，利用修复工具就很容易解决。Photoshop提供了两种修复工具，一种是修复画笔工具，另一种是修补工具。下面就来具体讲解。

6.3.1　修复画笔工具的使用

使用　"修复画笔工具"可以将一幅图案的全部或部分连续复制到同一或另外一幅图像中。修复画笔工具的使用方法是先在工具箱中选中　"修复画笔工具"，然后在工具的"选项栏"中设置相关选项，其属性栏如图6-24所示。

图6-24　修复画笔工具的属性栏

其中"画笔"选项用于设置画笔的直径、硬度、间距等选项；"模式"下拉列表用于设置色彩模式；"源"选项用于设置修复画笔复制图像的来源，有"取样"和"图案"两种选项；如果用户选择了"对齐"复选框，则在绘图时无论停止多久，再次复制图像都不会间断图像的连续性，如果不选中该复选框，则在绘图时中途停下来，当再次开始复制时，就会以鼠标指针所在位置为中心重新进行复制。

若在工具"选项栏"中选择"取样"选项，移动鼠标指针到图像窗口中，按下Alt键，并在图像中单击定点取样，此时鼠标形状变成　形状，然后放开鼠标，并将鼠标指针移动到需要的位置按下鼠标来回拖动即可，效果如图6-25所示。选择"取样"单选按钮表示单击图像中某一点位置来取样；选择"图案"单选按钮表示使用系统提供的图案来取样。

图6-25 修复画笔工具的使用前后对比

6.3.2 修补工具的使用

　　<img> "修补工具"可以当作是修复工具功能的一个扩展，该工具的使用方法与修复画笔工具相似，选中该工具后，在工具栏中选择"源"选项，拖动鼠标指针到目标对象上，按下鼠标左键绘制选区(源区域)，然后将选区后的区域拖动到需要的位置(这个选区是需要更改的区域，也就是目标区域)松开鼠标，刚才选中的区域的图像就会变成松开鼠标的那个地方的图像(也就是将目标区域中的图像与源选区范围中的图像进行融合)，如图6-26所示，左图为原始图片，右图为修补后的图片(这里仅以此作为示范，并没有实际达到修复的效果)。

> **提示**
>
> 　　如果选中"目标"单选按钮，则修补后的效果是将选区范围中的图像与目标区域中的图像相互融合。

图6-26 修补工具的使用前后对比

6.4 图章工具组

　　如果用户需要从图像的某一部分取样，然后将取样绘制到图像的其他位置或不同图像中，可以使用图章工具来完成，图章工具包括仿制图章工具与图案图章工具两种。

6.4.1 仿制图章工具的使用

　　使用<img>"仿制图章工具"，用户可以将一幅图像的全部或部分复制到同一幅图像或其他图像中，仿制图章工具与画笔工具是一样的，只不过画笔工具使用某一种制定的颜色进行绘制，而仿制图章工具使用取样点处的图像进行绘制，仿制图章工具的使用方法是先在工具箱中选中它，然后在"选项栏"中设置各项数值，接着移动鼠标指针到图像窗口处，按下Alt键在图像中单击定点取样，此时鼠标

变成 ⊕ 形状，然后放开鼠标，并将鼠标指阵移动到需要的位置按下鼠标来回拖动即可。仿制图章工具的"选项栏"如图6-27所示。

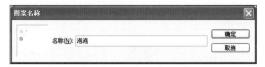

图6-27 仿制图章工具属性栏

其中"画笔"选项用于设置画笔的直径、硬度等选项；"模式"下拉列表用于设置色彩模式；"不透明度"选项用于设置工具绘图的不透明度；"流量"选项用于设置绘图颜色的浓度；选中"对齐"复选框，则在绘图时无论停止多久，再次复制图像都不会间断图像的连续性；如果不选中该复选框，则在绘图时中途停下来，当再次开始复制时，就会以鼠标指针所在位置为中

心重新进行复制。如图6-28所示即为仿制图章工具的使用效果，左图为原始图片，右图为仿制后的效果。

图6-28 仿制图章工具应用效果

6.4.2 图案图章工具的使用

使用 图"图案图章工具"，用户可以将自己定义的图案内容复制到同一幅图像或其他图像中，该工具的使用方法与仿制图章工具相似，不同之处是，在使用此工具之前要先定义一个图案。下面就通过一个具体实例的讲解来进一步介绍此工具的使用方法。

接下来通过一个名为"梦幻泡泡"的实例来进一步熟悉图案图章工具的使用方法。最终效果如图6-29所示。

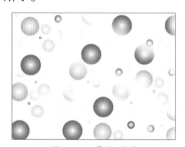

图6-29 最终效果

新建一个文件，将其命名为"梦幻泡泡"，并设置文件大小为640×480像素，分辨率为72像素。

在工具箱中单击 "画笔工具"按钮，在"选项栏"的"画笔"下拉列表中选择"球"选项，然后分别将前景色设置为红色、蓝色等颜色，然后结合键盘上的"【"和"】"键来调节

笔触的大小，绘制出颜色各异的泡泡，如图6-30所示。

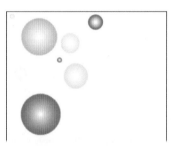

图6-30 绘制出的泡泡

接下来在工具箱中单击 "矩形选框"工具按钮，然后将前面绘制的泡泡框选，执行"编辑"｜"定义图案"命令，在弹出的如图6-31所示的"图案名称"对话框中输入文本"泡泡"，单击"确定"按钮保存设置。

最后在工具箱中单击 "图案图章工具"按钮，在"选项栏"的"图案"下拉列表中选中刚才定义的图案，然后在绘图区域中拖动鼠标进行绘制，最终完成的效果如图6-29所示。

图6-31 "图案名称"对话框

6.5 橡皮擦工具组

如果用户需要擦除图像上多余的颜色，并想在擦除的位置用背景色填充，可以用橡皮擦工具来完成。Photoshop中的橡皮擦工具组中包括橡皮擦工具、背景橡皮擦工具和魔术橡皮擦工具3种，其使用方法与具体功能介绍如下。

6.5.1 橡皮擦工具的使用

使用  "橡皮擦工具"，用户可以擦除图像中的颜色，如果使用该工具在背景图层中擦除，被擦除的部分将用背景色填充；如果在图层中擦除，则被擦除的区域将变成透明，下方图层的颜色将显示出来。橡皮擦工具的使用方法很简单，选中该工具后，移动鼠标至需要擦除的位置，按下鼠标来回拖动即可，效果如图6-32所示。

橡皮擦工具的"选项栏"如图6-33所示，用户可以在此进行"画笔"、"模式"、"不透明度"和"流量"等相关选项的设置。在"模式"下拉列表中可选择不同的橡皮擦类型，包括"画笔"，"铅笔"和"块"选项。当选择不同的橡皮擦类型时，工具选项栏中的设定项也是不同的。选择"画笔"和"铅笔"选项时，两者用法相似，选择"块"选项，将会变成一个方形的橡皮擦。

图6-32 橡皮擦工具使用前后对比

> **提示**
>
> 如果选中了"抹到历史纪录"复选框，则橡皮擦工具就具有类似于历史纪录画笔的功能，能够恢复图像至快照或是某一历史纪录的状态。

图6-33 橡皮擦工具属性栏

6.5.2 背景橡皮擦工具的使用

使用 "背景橡皮擦工具"，用户也可以擦除图像中的颜色，只是在擦除后不会填上背景色，被擦除的内容变为透明，该工具的使用方法与"橡皮擦工具"的使用方法相同，效果如图6-34所示。

图6-34 背景橡皮擦工具使用前后对比

背景橡皮擦工具的"选项栏"如图6-35所示，用户可以在此进行"限制"、"容差"等相关选项的设置。其中，"画笔"选项用于设置橡皮擦的画笔大小；"限制"下拉列表用于设置擦除模式，若选择"不连续"选项，将擦除图像中任意位置的颜色；若选择"连续"选项，将擦除取样点及与取样点邻近的颜色；若选择"查找边缘"选项，则擦除取样点和与取样点相连的颜色。"容差"选项用于设置擦除颜色的区域。选中"保护前景色"复选框，则如果图像中的颜色与前景色相同，则在擦除时这种颜色受保护，不会被删除。"取样"选项用于设置清除颜色的方式，若选择 "连续"方式，表示随着鼠标的移动，在图像中进行颜色取样，并根据取样进行擦除；选择 "一次"方式，表示只擦除第一次单击所取样的颜色；选择 "背景色板"方式，则只擦除包含背景颜色的区域。

图6-35 背景橡皮擦工具属性栏

6.5.3 魔术橡皮擦工具的使用

使用 "魔术橡皮擦工具"，用户可以擦除一定容差度内的相邻颜色，擦除后不会用背景色填充，而是变成一透明图层，效果如图6-36所示。其使用方法与橡皮擦工具相同。

图6-36 魔术橡皮擦工具使用前后对比

6.6 洋酒瓶

6.6.1 实例分析与效果预览

接下来通过一个名为"洋酒瓶"的实例来熟悉"加深"、"减淡"工具的使用方法。最终效果如

图6-37所示。本实例主要是参照洋酒的广告进行的绘制，重在了解"加深"、"减淡"工具的使用方法与技巧。

图6-37　最终效果

6.6.2　制作方法

1. 绘制酒瓶形状

新建一个文件，将其命名为"洋酒瓶"，并设置文件大小为600×849像素，分辨率为150像素。

在工具箱中单击 "钢笔工具"按钮，在"选项栏"中单击 "形状图层"按钮，然后在绘图区域中绘制出酒瓶的半边的形状，如图6-38所示。

将绘制好的半边酒瓶执行制作一个副本并水平翻转，然后执行Ctrl+E快捷键将它们合并为一层，填充浅灰色，效果如图6-39所示。

图6-38　绘制出的酒瓶　图6-39　制作副本并填充颜色
的半边形状

将图6-39中填充颜色的酒瓶复制一层，并填充上白色，然后在工具箱中单击 "加深工具"按钮，在"选项栏"中设置"曝光度"选项的数

值为10%，然后对酒瓶的边缘进行加深，效果如图6-40所示。

新建一层，结合"涂抹工具"与"画笔工具"绘制出酒瓶的底部，注意酒瓶的通透的感觉，局部放大效果如图6-41所示。

图6-40　加深酒瓶边缘　图6-41　绘制酒瓶底部

新建一层，结合"渐变工具"、"画笔工具"、"加深"和"减淡"工具来绘制出瓶盖的金属质感，局部放大效果如图6-42所示。

此时的整体效果如图6-43所示。可以看到，现在的酒瓶没有一个空间感的依托，所以需要制作一个背景。新建一层，在工具箱中单击 "渐变工具"按钮，在"选项栏"中单击 "可编辑渐变"按钮，然后在弹出的对话框中设置一个"浅灰色"(R：254，G：254，B：254)到"深灰色"(R：166，G：166，B：166)的渐变效果。

再新建一层，在底部处填充一块"浅灰色"(R：239，G：239，B：239)的填充效果作为桌面，此时的效果如图6-43所示。

图6-42　绘制酒瓶口部　　图6-43　加深酒瓶边缘

2. 输入文本

接下来在工具箱中单击 T. "文本工具"按钮，然后输入标题文本和广告语，如图6-44所示。其中，蓝色的大标题的"字体"为Arial Black，"字号"为36号，文本颜色为深蓝色(R：0，G：53，B：112)。

导入并调整商标的比例和大小位置，效果如图6-45所示。

在"图层"面板的下方单击 □ "新建文件夹"按钮，将其命名为"组1"，然后在按住Ctrl键的同时选中除了背景效果以外的图层，将它们拖入到新建的文件夹中，将文件夹复制一层，然后通过执行"编辑"｜"变换"｜"垂直翻转"命令将其中的图层翻转，在工具箱中单击"橡皮擦工具"按钮，将不需要的部分擦除，制作阴影效果，如图6-46所示。

图6-44　输入文本　　图6-45　导入并调整商标比例

此时，细心的用户会发现，文字并没有透视效果，这不符合自然规律，所以，需要选中文字层，执行"图层"｜"栅格化"｜"文字"命令将其变成普通图层，然后执行"编辑"｜"变换"｜"变形"命令，然后拖动鼠标进行微调，效果如图6-47所示。

最后整体调整酒瓶，使其更有立体感，效果如图6-37所示。

图6-46　制作阴影效果　　图6-47　调整文字弧度

6.7　静物

6.7.1　实例分析与效果预览

接下来通过一个名为"静物"的实例来进一步熟悉"路径"、"加深"和"减淡"工具的使用方法。最终效果如图6-48所示。

图6-48　最终效果

6.7.2　制作方法

1. 绘制静物的外形

新建一个文件，将其命名为"静物"，并设置文件大小为775×550像素，分辨率为72像素。

在工具箱中单击 "钢笔工具"按钮，在"选项栏"中单击 "形状图层"按钮，然后依次绘制出陶罐的各个部分的路径，如图6-49所示。此时的路径面板如图6-50所示。

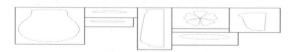

图6-49　绘制出不同的路径

图6-50　路径面板

2. 塑造陶罐的体积感

首先选中"路径1"图层，然后单击 "将

路经转换为选区"按钮，将路经转换为选区。切换到"图层"面板，新建一层，为选区填充"灰色"(R：150，G：150，B：150)，然后结合加深与减淡工具制作出陶罐的体积感，效果如图6-51所示。

执行"图像"｜"调整"｜"色相/饱和度"命令，打开"色相/饱和度"对话框，选中"着色"复选框，将其颜色调整为"橙红色"，然后双击此图层，打开"图层样式"对话框，选中"投影"选项，设置各项数值如图6-52所示。设置完成的效果如图6-53所示。

图6-51　通过加深减淡　图6-52　"投影"选项设置
工具制作体积感

图6-53 着色后的效果

激活着色层的选区，然后新建一层，将前景色设置为"灰绿色"（R：208，G：197，B：166），为新图层填充颜色。接着将前景色设置为"深灰绿色"（R：208，G：197，B：166），执行"滤镜"｜"底纹效果"｜"粗糙蜡笔"命令，打开"粗糙蜡笔"对话框，设置各项数值如图6-54所示。然后单击"确定"按钮保存设置。

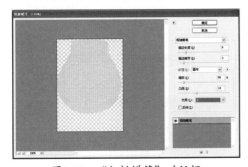

图6-54 "粗糙蜡笔"对话框

在"图层"面板中设置此层的"图层模式"为"叠加"，设置"不透明度"的数值为45%，设置完成的效果如图6-55所示。

图6-55 叠加后的效果

现在的罐子看起来质感不够好，所以要进行细节的调整，在工具箱中选中"画笔工具"，然后在"选项栏"的"画笔"下拉列表中选择36号画笔，如图6-56所示。将前景色设置为"灰白色"（R：241，G：227，B：201），然后绘制效果如图6-57所示。这时的纹理看起来稍微有些过

火，所以在"图层"面板中调节此层的"不透明度"为70%，效果如图6-58所示。

图6-56 选择画笔 图6-57 绘制后的效果

图6-58 调整透明度后的效果

接着使用画笔工具添加瓦罐的裂痕，这里对于初学者可能有些难度，要反复调整直到达到自己满意的效果，如图6-59所示。然后在"路径"面板中激活"路径7"，将其转换为选区，然后回到"图层"面板中新建一层，填充一个"红色"到"黑色"的"径向渐变"效果，并且复制3个副本，将它们的大小调整到合适的大小，如图6-60所示。

图6-59 添加瓦罐的裂痕 图6-60 激活选区并填充
效果 颜色

将这3个副本合并为一层，然后将"图层模式"设置为"变亮"，双击图层，在打开的"图层样式"下拉列表中选择"斜面与浮雕"选项，设置各项数值如图6-61所示。设置完成的效果如图6-62所示。

图6-61 设置"斜面与 图6-62 设置完成的效果
　　　　浮雕"选项

在"路径"面板中选中"路径2"图层，将其激活为选区，然后切换回"图层"面板中，选中着色的图层，在工具箱中单击 🖐 "加深工具"按钮，然后制作阴影效果，如图6-63所示。

图6-63 使用加深工具制作阴影效果

按照同样的方法制作出其他的组件，如图6-64所示。

图6-64 制作陶罐的其他组件

3. 添加背景

结合"画笔工具"、"涂抹工具"、"加深"与"减淡"工具来制作出背景效果，如图6-65所示。然后在工具箱中单击 🔲 "矩形选框工具"按钮，将"前景色"设置为"浅黄棕色"

(R：180，G：141，B：71)，将"背景色"设置为"深黄棕色"(R：137，G：97，B：47)，然后绘制一个矩形作为桌面并填充"前景色"。执行"滤镜"｜"渲染"｜"纤维"命令，打开"纤维"对话框，设置各项数值如图6-66所示。

图6-65 添加背景

执行"编辑"｜"变换"｜"斜切"命令，调整桌面的透视效果，如图6-67所示。

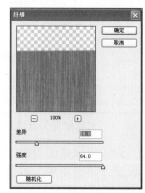

图6-66 "纤维"对话框

图6-67 添加带有透视的桌面

最后通过添加陶罐之间的阴影来整体调整效果，最终效果如图6-48所示。

6.8 科技幻想

6.8.1 实例分析与效果预览

　　在网络高度发展的今天，时间空间的限制已经显得不再那么重要。在21世纪，人们可以通过电脑来完成很多以前所不可能的事情，在越来越推崇个性的这个时代，请读者充分发挥自己的想象力，来完成属于自己的创意作品。科技幻想作品效果如图6-68所示。

图6-68　最终效果

6.8.2 制作方法

　　首先导入素材图片"电子人物.jpg"和"地球.jpg"，如图6-69所示。将它们拖入到"图层"面板中，将素材"地球.jpg"置于底层，将"电子人物.jpg"放置于上面一层，并且将"电子人物.jpg"层的图层模式更改为"颜色加深"，效果如图6-70所示。

图6-70　改变图层模式合成后的效果

　　然后双击图层打开"图层样式"对话框，选中"投影"和"外发光"选项，设置它们的数值如图6-71所示，单击"确定"按钮保存设置，效果如图6-72所示。

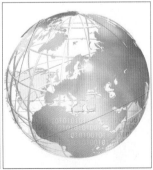

图6-69　导入素材

图6-71　设置"图层样式"的数值

新建一个图层，放在"地球"层的上面，然后在工具箱中单击 "仿制图章工具"按钮，在"选项栏"中将"不透明度"和"流量"选项的数值设置为15%，然后复制"地球"层右侧的部分，绘制到新的图层上，效果如图6-73所示。

接着将人物层复制一层并置于最上方，取消此层所有的图层模式，单击 "添加矢量蒙版"按钮为此层添加蒙版，然后将人物周围的轮廓模糊，如图6-74所示。

图6-72　设置完成后的效果　　图6-73　仿制地球层后的效果

图6-74　添加蒙版效果

将地球层复制一层置于最上方，在工具箱中单击 "模糊工具"按钮，在"选项栏"中设置"强度"选项的数值为100%，在按住Ctrl键的同时单击此层激活选区，然后将最上层的地球模糊，接着使用"橡皮擦"工具将中间的部分擦除，擦除后的效果如图6-75所示。然后将此层设置为"强光"模式，效果如图6-76所示。

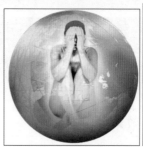 

图6-75　复制地球层并　　图6-76　设置为强光模式后
　　　　模糊此层　　　　　　　的效果

接着再将地球层复制一层置于最上方，同样激活选区后使用"模糊工具"将其模糊，并且用"橡皮擦工具"将中间的部分擦除，效果如图6-77所示。

图6-77　继续复制地球层

新建一层，在工具箱中单击 "画笔工具"按钮，在"画笔"下拉列表中选择"球"形笔刷，将前景色设置为"白色"，将"不透明度"和"流量"选项的数值分别设置为不同的数值，然后绘制上反光的效果，如图6-78所示，然后根据情况进行调整，调整后的效果如图6-79所示。

 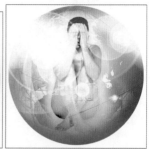

图6-78　绘制反光效果　　图6-79　调整整体后的效果

在"图层"面板中单击 "新建组"按钮，新建一个组，然后将之前的所有图层都拖到此文件夹中。

然后导入素材图片"电子手.jpg"，调整它的大小比例，并且将它放置到如图6-80所示的位置。接着执行"图像"｜"调整"｜"变化"命令，将"电子手"调整为橙黄色调，调整完成的效果如图6-81所示。

图6-80　调整"电子手"的大小比例

图6-81　调整电子手的色调后的效果

将之前建立的文件夹制作一个副本，并将副本放置于原文件夹的下面，将此文件夹中的图层全部选中，单击鼠标右键，在弹出的快捷菜单中选中"合并图层"选项，然后在工具箱中单击"模糊工具"按钮，在"选项栏"中设置"强度"选项的数值为50%，然后将此图层模糊，效果如图6-82所示。

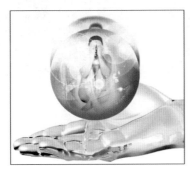

图6-82　复制图层并模糊后的效果

按照相同的方法再制作几个图层副本，并且

对每一个图层都应用模糊效果，在工具箱中单击"橡皮擦工具"按钮，在"选项栏"中设置"不透明度"和"流量"选项的数值为15%，然后擦除每个副本的边缘，并调整它们的距离，效果如图6-83所示。

在工具箱中单击"竖排文本工具"按钮，将文本颜色设置为"浅灰色"（R：243，G：243，B：243），然后输入一段数字编码，在"图层"面板中将此层的"不透明度"调整为80%，如图6-84所示。执行"图层"｜"栅格化"｜"文字"命令，将其转换为普通图层。

 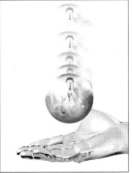

图6-83　调整副本的清晰度　图6-84　输入一段文本并
　　　　　与距离　　　　　　　　　　调整透明度

新建一层，然后为新建层填充一个"红色"到"黄色"的径向渐变效果，如图6-85所示。然后在按住Alt键的同时在此层和它下面的文本层之间单击鼠标，这样渐变效果就以文本层为蒙版显示，此时的效果如图6-86所示。

按照相同的方法制作其他的背景装饰元素，最终效果如图6-68所示。

图6-85　创建新图层并　　图6-86　改变渐变层的
　　　　　填充渐变色　　　　　　　　　显示方式

6.9 甲骨时代

6.9.1 实例分析与效果预览

接下来通过一个名为"甲骨时代"的实例来进一步讲解如何将图像素材编辑成一张甲骨时代的平面设计作品。最终效果如图6-87所示。

图6-87　最终效果

6.9.2 制作方法

首先导入素材图片"人物背影.jpg"，调整它的大小比例，如图6-88所示。在工具箱中选择 "磁性套索工具"选中背景，将其删除。然后在工具箱中选中"橡皮擦工具"，在"画笔"下拉列表中选择"裂缝石墙纹理"等不同的笔刷效果，然后在素材的背影上制作出龟裂纹效果，如图6-89所示。

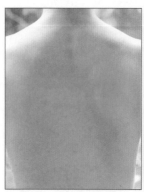

图6-88　调整素材的大小比例

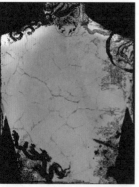

图6-89　制作出龟裂纹的效果

导入素材图片"肌理效果.jpg"，将它放置在最顶层。然后在按住Alt键的同时在两个素材层中间单击鼠标，此时的效果如图6-90所示。然后继续修改"人物背影"所在图层的形状，修改后的效果如图6-91所示。

图6-90　添加肌理后的效果　　图6-91　修改素材形状后的效果

在工具箱中单击 "竖排文字工具"按钮，在"选项栏"中设置"字体"为"方正小篆体"，设置"字号"为48号，然后输入文本"甲骨时代"，如图6-92所示。

执行"图层"｜"栅格化"｜"文字"命令，将文字层转换为普通图层，双击此图层打开"图层样式"对话框，选中"内发光"和"斜面和浮雕"选项，设置它们的数值如图6-93所示。此时的效果如图6-94所示。

图6-92　输入文本

图6-93　设置"图层样式"的数值

将素材"叠加效果.jpg"导入并置于最顶层，在按住Alt键同时在此层和文字层之间单击鼠标，然后将素材"叠加效果.jpg"的"图层模式"设置为"正片叠底"模式，此时的效果如图6-95

所示。

图6-94　设置图层样式后　图6-95　设置叠加效果图片
　　　　的效果　　　　　　　　　后的效果

新建一个图层将它放置于最底层，然后为其填充"淡黄色"(R：251，G：235，B：168)，并且双击图层打开"图层样式"对话框，选中"图案叠加"选项，设置其数值如图6-96所示。

图6-96　设置图层样式

最终效果如图6-87所示。

第7章　图像的色彩调整

本章展现：

本章将学习在Photoshop中对图像进行色彩调整的方法，包括色彩平衡、亮度/对比度、调整色相/饱和度、颜色替换和去色等命令；同时，学会色调调整技巧，包括色阶、自动色阶、曲线；熟悉反相、色调均化、阈值、色调分离等特殊色调控制方法。

本章的主要内容如下：

● 图像色彩调整
● 图像色调调整
● 图像色调控制

7.1　图像色彩调整

对于图像设计者来说，创造完美的色彩是非常重要的，只有有效地控制图像的色彩和色调才能制作出完美的作品，在Photoshop的"调整"菜单中提供了完善的色彩与色调调整命令，利用它们可以方便快捷地控制图像的色彩和色调。

7.1.1　色彩平衡

"色彩平衡"命令可以方便快捷地改变色彩图像中的颜色混合效果。从而使整个图像的色彩达到平衡，它只作用于复合颜色通道，若图像有明显的偏色可用该命令来纠正。

执行"图像"｜"调整"｜"色彩平衡"命令，打开如图7-1所示的"色彩平衡"对话框。

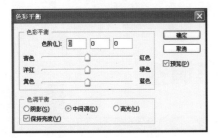

图7-1　"色彩平衡"对话框

在进行色彩平衡调整时，先在"色调平衡"选项组中设置色调范围，包括"阴影"、"中间调"和"高光"3个单选项，选中其中一个，"色彩平衡"命令就调整相对应色调的像素。"色阶"右边的3个文本框分别对应下面的3个滑块，通过在文本框中输入数值或调整滑块，可以控制RGB到CMYK之间对应的色彩变化，从而实现色彩调整的效果，3个数值的有限范围在-100~100之间。

在对话框的最下方有一个"保持亮度"复选框，选中该复选框可以保持整个图像的亮度不变，调整RGB模式的图像时都要选中该复选框。在滑块调整过程中，滑块越靠近左端，图像中的颜色越接近CMYK的颜色；滑块越靠近右端，图像中的颜色越接近RGB的颜色。

7.1.2　亮度/对比度

"亮度/对比度"命令可以用来调整图像的亮度和对比度，利用它可以对图像的色彩范围进行简单调整。

执行"图像"｜"调整"｜"亮度/对比度"命令，打开如图7-2所示的"亮度/对比度"对话框。

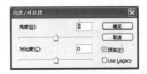

图7-2　"亮度/对比度"对话框

在对话框中通过拖动"亮度"滑块或者在文本输入框中输入-100~100之间的数值，来调整图像的亮度；通过拖动"对比度"滑块或者在文本输入框中输入-100~100之间的数值，来调整图像的对比度。在滑块调整过程中，当亮度和对比度的数值为负值时，图像的亮度和对比度降低，当亮度和对比度为正值时图像的亮度和对比度增加。

7.1.3　色相/饱和度

"色相/饱和度"命令可以用来调整图像的色相和饱和度，利用它可以给灰度图像添加颜色，使图像的色彩更加亮丽。

执行"图像"｜"调整"｜"色相/饱和度"命令，打开如图7-3所示的"色相/饱和度"对话框。

图7-3　"色相/饱和度"对话框

在图像调整时，先在"编辑"下拉列表中选择需要调整的像素，包括"全图"、"红色"、"黄色"、"绿色"、"青色"、"蓝色"和"洋红"7个选项，只有选择"全图"选项才能对图像中的所有像素起作用，若选择其他6项中的一项，则只能针对单个颜色进行调整。

确定好调整范围之后，通过拖动对话框的"色相"、"饱和度"和"明度"滑块或在输入框中输入有效数值，来调整图像的色相、饱和度以及亮度。

在对话框中有个"着色"复选框，选中该复选框时，Photoshop会在"编辑"下拉列表中默认选择"全图"选项，如果处理一幅灰色或黑白的图像，选中该复选框可以给图像染上一种颜色，如果处理一幅彩色图像，选中该复选框后所有的色彩颜色都将变为单一颜色。

接下来通过一个名为"风景画调整"的实例来进一步熟悉"亮度/对比度"命令和"色相/饱和度"的使用方法，如图7-4所示。

图7-4　调整前后对比效果

首先导入素材图片"风景.jpg"，然后将其拖入到"图层"面板中，执行"编辑"｜"调整"｜"亮度/对比度"命令，打开"亮度/对比度"对话框，拖动滑块调整"亮度"选项的数值为80，调整"对比度"选项的数值为22，如图7-5所示，调整后的效果如图7-6所示。

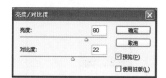

图7-5　"亮度/对比度"对话框

图7-6　调整后的效果

接着执行"编辑"｜"调整"｜"色相/饱和度"命令，打开"色相/饱和度"对话框，拖动滑块调整"色相"选项的数值为-16，使其色相更加偏向于红色调；调整"饱和度"选项的数值为39，如图7-7所示，调整后的效果如图7-8所示。

图7-7 "色相/饱和度"对话框

图7-8 调整后的效果

7.1.4 替换颜色

"替换颜色"命令可以用于替换图像中特定范围内的颜色，执行"图像"｜"调整"｜"替换颜色"命令，即可打开如图7-9所示的"替换颜色"对话框。

图7-9 "替换颜色"对话框

图7-10 调整前后对比效果

在"选区"选项组中，使用"吸管工具"可以在图像中单击选择需要替换的颜色；"添加到取样"可以连续取色以增加选区；"从取样中减去"可以连续取色以减少选区，由此得到需要修改的选区。

拖动"颜色容差"滑块或在输入框中输入0~200之间的数值，可以调整图像的颜色范围，数值越大，被替换颜色的图像区域越大。

在"替换"选项组中拖动"色相"、"饱和度"和"明度"滑块或在输入框中输入有效数值，可以调整图像的色相、饱和度以及亮度。"替换颜色"操作相当于"色彩范围"命令再加上"色相/饱和度"命令的功能。

接下来通过一个名为"替换颜色"的实例来进一步熟悉"亮度/对比度"命令和"色相/饱和度"的使用方法，对比效果如图7-10所示。

首先导入素材图片"077.jpg"，然后将其拖入到"图层"面板中，执行"编辑"｜"调整"｜"替换颜色"命令，打开"替换颜色"对话框，如图7-11所示。然后调整"颜色容量"的数值为142，调整"色相"选项的数值为-117，"饱和度"选项的数值为+49，"明度"选项的数值为+10，如图7-12所示。单击"确定"按钮保存设置，调整后的效果如图7-13所示。

图7-11 "替换颜色" 图7-12 调整"替换颜色"
　　　对话框　　　　　　对话框的数值

图7-13 调整后的效果

用户使用同样的方法可以举一反三，通过调整"色相"选项的数值即可达到不同的效果，如图7-14所示将"色相"选项的数值调整到+142，"饱和度"选项的数值调整到+54，单击"确定"按钮保存设置，设置完成后的效果如图7-15

所示。

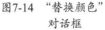

图7-14 "替换颜色" 对话框　　　图7-15 调整后的效果

7.1.5 去色

"去色"命令用于去除图像中的色彩，执行"图像"｜"调整"｜"去色"命令，可以直接将图像中所有颜色的饱和度降为0，将图像转换为灰的图像。"去色"命令也可以只对图像中的某一选择范围进行颜色转换。执行"去色"命令不会改变图像的颜色模式，只是将彩色转换为灰度。

接下来通过一个名为"昨日重现"的实例来进一步熟悉"亮度/对比度"命令和"色相/饱和度"的使用方法，制作出一种老照片的效果，效果如图7-16所示。

图7-16 调整前后对比效果

首先导入素材图片"北京胡同.jpg"，然后将其拖入到"图层"面板中，执行"编辑"｜"调整"｜"去色"命令，图片即变为黑白效果，如图7-17所示。接着执行"编辑"｜"调整"｜"色相/饱和度"命令，打开"色相/饱和度"对话框，选中"着色"复选框，拖动滑块调整"色相"选项的数值为-44；调整"饱和度"选项的数值为-23；调整"明度"选项的数值为+4，如图7-18所示，调整后的效果如图7-19所示。

图7-17 去色后效果

图7-18 "色相/饱和度"对话框

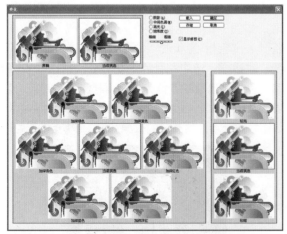

图7-19 调整后的效果

再执行"编辑"|"调整"|"亮度/对比度"命令，打开"亮度/对比度"对话框，调整"亮度"选项的数值为39；调整"对比度"选项的数值为13，如图7-20所示，调整后的效果如图7-21所示。

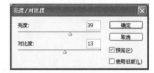

图7-20 "亮度/对比度"对话框

图7-21 调整后的效果

7.1.6 变化

"变化"命令用于调整图像的色彩平衡、对比度以及饱和度，执行"图像"|"调整"|"变化"命令，即可打开如图7-22所示的"变化"对话框。

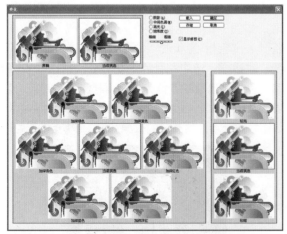

图7-22 "变化"对话框

对话框中显示的是各种情况下需要处理图像的缩略图，可以一边调整一边比较。首先选择

"暗调"、"中间色调"、"高光"和"饱和度"进行调整，然后调整"精细"与"粗糙"之间的三角滑块以确定每次调整的数量。

在对话框的左上角有"原稿"与"当前挑选"两个缩略图，"原稿"显示原图像的真实效果，"当前挑选"显示调整后的图像效果，若单击"原稿"缩略图，则可将"当前挑选"缩略图恢复为与原图像一样的效果。

在对话框左下方有7个缩略图，其中"当前挑选"与左上角的"当前挑选"作用相同，其余的6个缩略图可以用来改变图像的颜色，如果需要在图像中增加某种颜色，只需要单击相应的颜色缩略图即可。

在对话框右下方有3个缩略图，"当前挑选"用来显示当前的调整状况，其他两个分别用于调整图像的亮度值，单击"较亮"缩略图，则图像变亮；单击"较暗"缩略图，则图像变暗。"变化"命令不能作用于索引颜色图像上。

7.2 图像色调调整

如果一幅图像比较暗或较亮时，可以通过调整其色调将它变亮或变暗，对图像色调控制主要是对图像明暗度的调整，图像色调调整的方法很多，比如色阶、自动色阶、曲线等。

7.2.1 色阶

使用"色阶"命令，可以调整整个图像的明暗度，也可以调整图像中某一选区范围。执行"图像"｜"调整"｜"色阶"命令，即可打开如图7-23所示的"色阶"对话框，

图7-23 "色阶"对话框

用户可以先在"通道"下拉列表框中选择需要进行色调调整的通道，有RGB、红、绿和蓝4种通道，若选择RGB选项，则色调调整将对所有通道起作用，若选择其他3个通道中的单一通道，则色调调整只对当前所选通道起作用。选定色调调整的内容后，接下来就可以在"色阶"对话框中进行色调调整，调整方法有以下几种。

1. 输入色阶

在输入色阶后面有3个输入框，在最左端的输入框中输入数值可以设置图像的暗部色调，数值的有效范围在0~253之间；在中间输入框中输入数值可以设置图像的中间色调，数值的有效范围在0.1~9.99之间；在右边输入框中输入数值可以设置图像的亮部色调，数值的有效范围在2~255之间，这3个文本输入框分别与其下面色阶图上的3

个滑杆——对应。

2. 输出色阶

在输出色阶后面有两个输入框，通过它可以限定图像的亮度范围，左边的输入框用来提高图像的暗部色调，数值的有效范围在0~255之间；右边的输入框用来降低图像的亮部色调，数值的有效范围在0~255之间。

3. 吸管工具

在对话框的右下方有3个吸管工具，分别为"黑色吸管"、"灰色吸管"和"白色吸管"。双击任意一个吸管，即可打开"颜色选择器"面板。

- "黑色吸管"：在图像上单击此吸管，图像上所有像素的亮度值减去吸管单击处的像素亮度值，使图像变暗。
- "灰色吸管"：在图像上单击此吸管，Photoshop将用吸管单击处的像素亮度来调整图像所有像素的亮度。
- "白色吸管"：在图像上单击此吸管。图像上所有像素的亮度值加上吸管单击处的像素亮度值，使图像变亮。

(4) "自动"按钮

单击"自动"按钮，Photoshop将以1：2的比例来调整图像，把最亮的像素调整为白色，把最暗的像素调整为黑色，使图像中的亮度分布更均匀，消除部分不正常的亮度。

各项参数设置完成后，单击"确定"按钮即可保存设置。

7.2.2 自动色阶

执行"图像"｜"调整"｜"自动色阶"命令，即可自动调整图像的明暗度，去除图像中不正常的高亮区和黑暗区，"自动色阶"命令相当于单击"色阶"对话框中的"自动"按钮。使用该命令有时无法确认系统是否正确取样，要想精确还必须要手动取样。

7.2.3 曲线

"曲线"命令可以调整图像的"色彩"、"亮度"和"对比度",执行"图像"|"调整"|"曲线"命令,即可打开如图7-24所示的"曲线"对话框。

用户可以通过对话框中的曲线形状来调整图像色彩、亮度和对比度,在"通道"下拉列

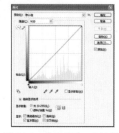

图7-24 "曲线"对话框

表中选择需要进行色调调整的通道。

在"曲线图"对话框中,通过改变曲线表格中的线条形状来调整图像的色彩平衡效果,色调曲线的水平轴表示原来图像的亮度值,也就是图像的输入值;色调曲线的垂直轴表示图像处理后的亮度值,也就是图像的输出值。用户可以使用 ~ 曲线工具,将鼠标指针移动到表格中,当鼠标形状变成 + "十字形状"时,单击即可产生一个节点,该点的输入/输出数值显示在"输入"与"输出"文本框中,将鼠标指针移动到曲线节点上,当鼠标形状变成 ✛ "十字花形状"时,拖动节点即可改变曲线的形状,如图7-25所示。

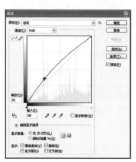

图7-25 调整曲线

单击节点即可选中节点,如果按下Shift键然后单击节点可以选中多个节点,若按下Ctrl键单击需要节点可将节点删除。

用户也可以单击 ✎ "铅笔"按钮在表格中绘制曲线形状,如图7-26所示。

例如用户可以导入素材图片"民间技艺",如图7-27所示,然后执行"图像"|"调整"|"曲线"命令,打开 "曲线"对话框,调节各

项数值如图7-28所示,单击"确定"按钮保存设置,保存后的效果如图7-29所示。

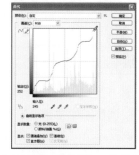

图7-26 使用"铅笔"工具绘制曲线

图7-27 导入素材图片

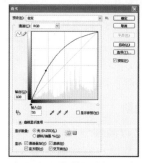

图7-28 调节图片的曲线

图7-29 调整后的效果

7.3　图像色调控制

　　除了上面介绍的色彩和色调调整命令外，Photoshop还提供了一些特殊色彩调整命令，使用这些命令可以进行一些特殊的色调调整，下面分别进行介绍。

7.3.1　反相

　　"反相"命令可以将像素的颜色改变为它们的互补色，比如黑色变为白色，其他中间的像素取其对应数值。设置反向的方法很简单，先选择需要调整的内容，然后执行"图像"｜"调整"｜"反相"命令即可，反相对比效果如图7-30所示，左图为原始图片，右图为反相后的效果。反相效果是一种底片效果，该命令是唯一不损失图像色彩信息的转换命令。

图7-30　反相命令对比效果

7.3.2　色调均化

　　执行"图像"｜"调整"｜"色调均化"命令可以重新分配图像像素亮度数值，如果在选定了某一区域后再执行"色调均化"命令，系统会打开一个如图7-31所示的对话框。

图7-31　"色调均化"对话框

　　如果在"色调均化"对话框中选择"仅色调均化所选区域"单选按钮，则命令只对当前选区范围中的像素起作用；若选择"基于所选区域色调均化整个图像"单选按钮，则命令就以所选范围中的图像最亮或最暗的像素为基准使整个图像色调平均化，其效果如图7-32所示，上图为原始图片，下图为局部色调匀化效果。

图7-32　"色调均化"效果

7.3.3 阈值

"阈值"命令可将彩色图像或灰度图像转换为只有黑白两种色调的图像，执行"图像"｜"调整"｜"阈值"命令，即可打开如图7-33所示的对话框。

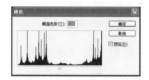

图7-33 "阈值"对话框

在"阈值色阶"输入框中设置黑白像素的大小，其变化范围在1~255之间，阈值色阶的值越大，黑色像素分布越广，阈值色阶越小，白色像素分布越广，对比效果如图7-34所示，左图为原始图片，右图阈值数值为200。

图7-34 "阈值"效果

7.3.4 色调分离

"色调分离"命令可以指定图像中每个通道色调级的数目，并将这些像素影射为最接近的匹配色调上，执行"图像"｜"调整"｜"色调分离"命令，即可打开如图7-35所示的"色调分离"对话框。"色阶"数值的有效范围在2~255之间，数值越大色彩变化越轻微，数值越小色调变化越剧烈，对比效果如图7-36所示，图(1)为原图，图(2)色阶数为2，图(3)色阶数为4，图(4)色阶数为5。

(2)

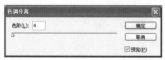

图7-35 "色调分离"对话框

(3)

(1)

图7-36 "色调分离"效果

(4)

图7-36 （续）

7.4　欢乐家庭

7.4.1　实例分析与效果预览

接下来通过一个名为"欢乐家庭"实例来向用户讲解为图像着色的方法与技巧，最终效果如图7-37所示。在本实例的制作过程中使用了"亮度/对比度"和"去色"等命令。

图7-37　最终效果

7.4.2　制作方法

导入素材图片"黑白扫描.jpg"，打开效果如图7-38所示。

图7-38　切换到"快速蒙版模式"并绘制选区

执行"图像"｜"调整"｜"亮度/对比度"命令，打开"亮度/对比度"对话框，设置各项数值如图7-39所示。设置完成的效果如图7-40所示。

图7-39　"亮度/对比度"对话框

图7-40　调整亮度和对比度后的效果

在工具箱中单击 "裁切工具"按钮，将左侧不需要的部分裁切掉，裁切后的效果如图7-41所示。

图7-41 裁切画面后的效果

在工具箱中单击 "减淡工具" 按钮, 在 "选项栏" 的 "范围" 下拉列表中选择 "中间值" 选项, 设置 "曝光度" 选项的数值为15%, 然后将画面中局部较暗的部分提亮, 效果如图7-42所示。将此层复制一层, 设置复制图层的图层模式为 "叠加" 模式, 叠加后的效果如图7-43所示。

图7-42 局部提亮

图7-43 叠加后的效果

新建一层, 将 "图层" 模式设置为 "正片叠底" 模式, 然后在工具箱中单击 "画笔工具" 按钮, 在 "画笔" 下拉列表中选择36号画笔, 然后将前景色设置为 "橙色"(R: 250, G: 177, B: 46), 然后为其中人物着色, 效果如图7-44所示。使用同样的方法, 为人物的其他部分上色, 完成后的效果如图7-45所示。

图7-44 为人物着色 图7-45 为人物整体着色后的效果

接下来使用同样的方法将其他的几个人物绘制出来, 效果如图7-46所示。

图7-46 为其他人物着色后的效果

最后添加上背景并进行整体调整, 最终效果如图7-37所示。

7.5 唇彩

7.5.1 实例分析与效果预览

接下来通过一个实例来学习为人物上唇彩的方法与技巧, 上妆前后的对比效果如图7-47所示, 左图为原始图片，右图为上妆后的效果。本实例制作过程中先使用"钢笔工具"绘制出嘴唇的轮廓，使用"油漆桶"工具填充颜色，然后为其"添加杂色"，并综合使用"曲线"、"色阶"和"渐变映射"滤镜进行了调节。

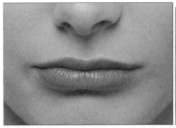

图7-47　最终对比效果

7.5.2　制作方法

1. 绘制轮廓并填充颜色

新建一个文件，将其命名为"彩妆"，并设置文件大小为500×355像素，分辨率为350像素。

首先导入素材图片"人物.jpg"，在工具箱中单击 "钢笔工具"按钮，沿嘴唇的边沿绘制出一个封闭的路径，如图7-48所示。单击 "将路径转换为选区"按钮，回到"图层"面板中，新建一层，将"前景色"设置为"黑色"，在"选项栏"中将"不透明度"和"流量"选项的数值都设置为30%，然后选中 "油漆桶"工具进行填充，填充后的效果如图7-49所示。

图7-48　沿嘴唇绘制一个路径

图7-49　填充颜色后的效果

2. 制作亮斑效果

执行"滤镜"|"杂色"|"添加杂色"命令，打开"添加杂色"对话框，选中"单色"和"高斯分布"选项，设置各项数值如图7-50所示，设置完成的效果如图7-51所示。

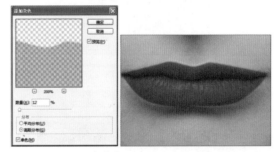

图7-50　"添加杂色"　图7-51　添加杂色后的效果
　　　　对话框

执行"图像"|"调整"|"色阶"命令，打开"色阶"对话框，设置各项数值如图7-52所示，设置完成的效果如图7-53所示。

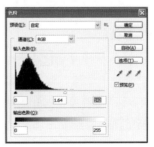

图7-52　"色阶"对话框

图7-53 调整色阶后的效果

接下来将此图层设置为"滤色"图层模式，嘴唇上会出现非常自然的亮斑效果，如图7-54所示。然后单击 "矢量蒙版"按钮，对局部进行调整，调整后的效果如图7-55所示。

图7-54 改变图层叠加模式后的效果

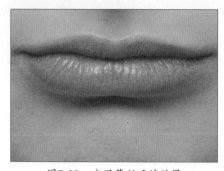

图7-55 应用蒙版后的效果

3. 调整唇彩颜色

在"图层"面板中单击 "创建调节层"按钮，在快捷菜单中选择"曲线"选项，调节曲线如图7-56所示。接着单击 "矢量蒙版"按钮，使用"画笔工具"绘制出嘴唇的区域，调整后的效果如图7-57所示。

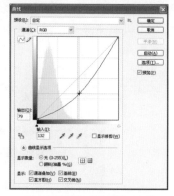

图7-56 调节"曲线"选项

图7-57 应用蒙版后的效果

将原始图层复制一层，并将它放置在最上层，执行"图像"｜"调整"｜"渐变映射"命令，打开"渐变映射"对话框，设置各项数值如图7-58所示，设置完成的效果如图7-59所示。

图7-58 设置渐变映射的数值

图7-59 应用渐变映射的效果

将此层设置为"滤色"叠加模式，然后单击 "矢量蒙版"按钮，使用"画笔工具"绘制出嘴唇的区域，调整后的效果如图7-60所示。此时的效果如果不理想，可以反复添加此种效果来进行调节。这里使用了两次，最终的"图层"面板如图7-61所示。最终的对比效果如图7-47所示。

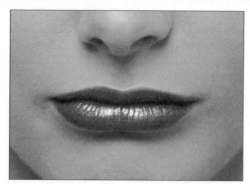

图7-60　设置完图层模式后的效果

图7-61　"图层"面板

读书笔记

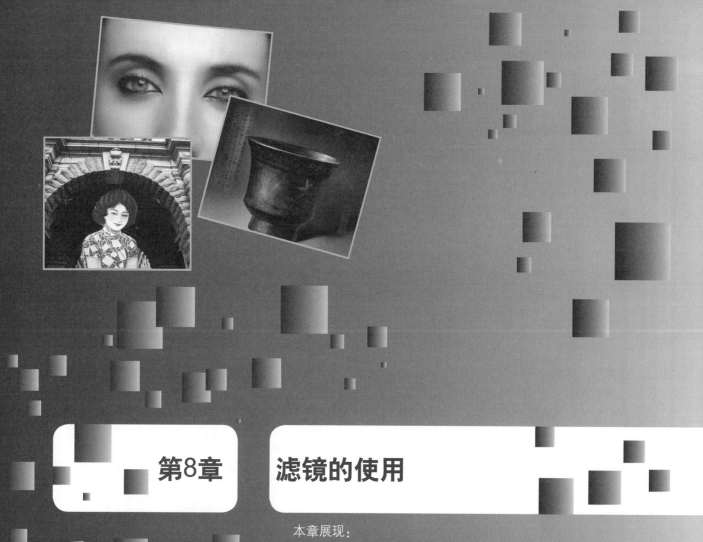

第8章　滤镜的使用

本章展现：

本章将学习在Photoshop中应用滤镜的基础知识，包括滤镜的功能，抽出，液化和图案生成，学会常用内置滤镜的使用方法，包括像素化滤镜、杂色滤镜、模糊滤镜、渲染滤镜、纹理滤镜、艺术效果、风格化滤镜等，了解外挂滤镜的一些常识。

本章的主要内容如下：

- 滤镜基础知识
- 常用内置滤镜

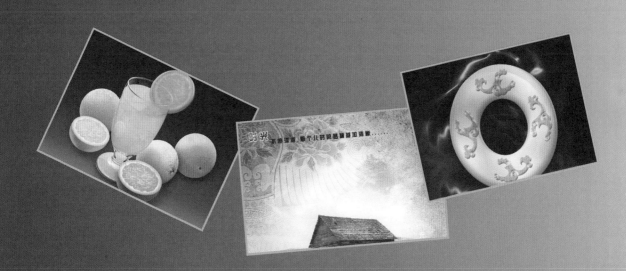

8.1 滤镜基础知识

滤镜是Photoshop中功能最强大、效果最奇特的工具之一。滤镜通过不同的方式改变像素数据，以达到对图像进行抽象、艺术化的特殊处理效果。

8.1.1 滤镜基础

从原理上讲，滤镜是一种置入Photoshop的外挂功能模块，或者也可以说它是一种开放式的程序，它是为众多图像处理软件进行图像特殊效果处理制作而设计的系统处理接口。Photoshop的滤镜主要包括优化印刷图像，优化Web图像，提高工作效率，实现创意效果，创建三维效果5个方面的作用。配合滤镜，可以使用户的设计工作如虎添翼，因为它能够使用户以难以置信的简单方法来实现惊人的效果。

通常，Photoshop滤镜可以分为两种类型，分别是内置滤镜和外挂滤镜(第三方滤镜)。

- "内置滤镜"是指在安装Photoshop时，安装程序内自动安装的那些滤镜，下面会逐渐介绍到。
- "外挂滤镜"是由第三方厂商为Photoshop所生产的滤镜，不但数量庞大，种类繁多，功能不一，而且版本和种类不断升级和更新。

接下来通过一个名为"电影海报"的实例来熟悉滤镜效果的使用方法。实例效果如图8-1所示。

图8-1 最终效果

按下键盘上的Ctrl+N快捷键，打开"新建"

对话框，在"新建"对话框中设置文件大小为1000×1038像素。在"名称"文本框中输入文件名"电影海报"，单击"确定"按钮保存设置。

导入素材图片"人物1.jpg"和"人物2.jpg"，首先将"人物1.jpg"拖入到"图层"面板中，如图8-2所示。然后执行"滤镜"｜"素描"｜"半调图案"命令，打开如图8-3所示的"半调图案"对话框，调整"大小"选项的数值为2，调整"对比度"选项的数值为10，在"图案类型"下拉列表中选择"网点"选项，然后单击"确定"按钮保存设置。

图8-2 导入素材图片

图8-3 "半调图案"对话框

接着执行"图像"｜"调整"｜"去色"命令，并执行"图像"｜"调整"｜"亮度/对比度"命令来调整整体的亮度关系，调整完成后的效果如图8-4所示。

图8-4 "半调图案"对话框

在"图层"面板中双击此图层，打开"图层样式"对话框，选中"颜色叠加"和"渐变叠加"两项，设置各项数值如图8-5所示。设置完成的效果如图8-6所示。

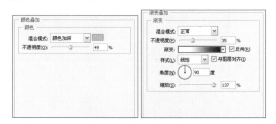

图8-5 设置各项数值

图8-6 设置完"图层样式"的效果

将素材"人物2.jpg"拖入到"图层"面板中，同样执行"滤镜"｜"素描"｜"半调图案"命令，打开如图8-7所示的"半调图案"对话框，调整"大小"选项的数值为3，调整"对比度"选项的数值为36，在"图案类型"下拉列表中选择"网点"选项，然后单击"确定"按钮保存设置。

图8-7 设置"半调图案"选项

接着执行"图像"｜"调整"｜"去色"命令，并执行"图像"｜"调整"｜"亮度/对比度"命令来调整整体的亮度关系，在"图层"面板中双击此图层，打开"图层样式"对话框，选中"颜色叠加"和"渐变叠加"两项，设置"渐变叠加"的数值如图8-8所示。然后在"图层"面板中设置此层的"图层模式"为"变亮"，设置完成的效果如图8-9所示。

图8-8 设置完图层样式　　图8-9 设置完成的效果
　　的效果

在工具箱中单击 T "文本工具"按钮，然后输入文本APPLE，执行"图层"｜"栅格化"｜"文字"命令，将其转换为普通图层，框选字母A，然后按住Ctrl+T键打开变形框，将其沿左侧边沿放大，并填充"黄灰色"(R：232，G：226，B：189)，此时的效果如图8-10所示。

图8-10 输入文本并填充颜色

接下来将字母A剪切下来单独放置于一层，双击此图层打开"图层样式"对话框，选中"斜面和浮雕"、"颜色叠加"和"图案叠加"选项，设置各项数值如图8-11所示。

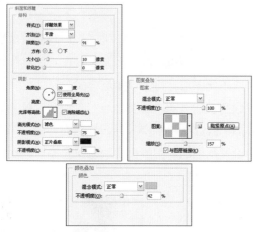

图8-11 设置图层样式

切换回到黑色文本的图层，同样双击此图层打开"图层样式"对话框，选中"斜面和浮

雕"、"光泽"和"图案叠加"选项。设置各项数值如图8-12所示。设置完成后的效果如图8-13所示。

最后添加上一些广告语来充实画面，最终效果如图8-1所示。

图8-12 设置图层样式

图8-13 设置完成后的效果

8.1.2 抽出、滤镜库、液化和图案生成器

在"滤镜"菜单的第二组中，提供了"抽出"、"滤镜库"、"液化"和"图案生成器"4个选项，用户从"滤镜率"中可以浏览Photoshop中的滤镜，应用所需滤镜观察效果，在这里不再单独讲解，下面简单介绍其他几个滤镜的功能。

1. 抽出

使用"抽出"命令，可以把复杂的物体与它所在的背景分离。接下来通过一个名为"图像合成"的实例来熟悉抽出效果的使用方法。实例效果如图8-14所示。

图8-14 最终合成效果

首先导入素材图片"人物.jpg"和"风景.jpg",如图8-15所示。

图8-15 导入素材图片

选中素材"人物.jpg",执行"滤镜"|"抽出"命令,打开"抽出"对话框,在左侧的工具栏中单击 <img> "边缘高光器"按钮,然后沿少女的边沿进行描绘,也就是说圈定要抽出的范围,如图8-16所示。

图8-16 选定抽出范围

接着在工具箱中单击 <img> "油漆桶工具"按钮,然后将选定部分填充,如图8-17所示。单击"确定"按钮保存设置,此时,在画面中即可显示抽出的形象,其他部分自动被删除,效果如图8-18所示。

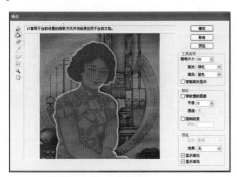

图8-17 填充颜色

图8-18 抽出人物后的效果

在工具箱中单击 <img> "橡皮擦"按钮,在"选项栏"中设置"不透明度"和"流量"的数值为30%,然后将边缘的毛边擦除,将它修改后的图片合成到"风景.jpg"图片中,效果如图8-19所示。

图8-19 修整并合成图片

最后分别执行"图像"|"调整"|"亮度/对比度"和"图像"|"调整"|"色相/饱和度"命令,分别对图像进行调整,调整完成后的效果如图8-14所示。

2. 液化

"液化"滤镜可用于推、拉、旋转、反射、折叠和膨胀图像的任意区域,执行"滤镜"|"液化"命令,打开如图8-20所示的"液化"对话框,在对话框中有"向前变形工具"、"顺时针旋转扭曲工具"、"褶皱工具"、"膨胀工具"和"湍流工具"等,利用它们在需要的区域按住鼠标按钮来回拖动即可产生奇妙的效果。

图8-20 "液化"对话框

图8-21 "图案生成"对话框

3. 图案生成

"图案生成器"滤镜可通过重排样本区域中的像素创建并拼贴生成图案，执行"滤镜" | "图案生成器"命令，打开如图8-21所示的"图案生成器"对话框，在对话框中选择一个区域，然后在"拼贴生成"选项组中设置"宽度"、"高度"和"平滑度"等参数，单击"生成"按钮即可得到生成的图案效果，如图8-22所示。

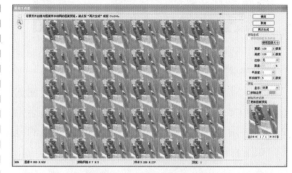

图8-22 生成的图案效果

8.2 常用内置滤镜

内置滤镜是Photoshop的内部自身附带的滤镜，所有Photoshop滤镜都按分类放置在"滤镜"菜单中，使用时只要从菜单中执行这些命令即可。有了它，Photoshop用户就会如虎添翼。下面分别进行介绍。

8.2.1 "风格化"滤镜组

"风格化"滤镜组通过置换像素，查找并增加像素的对比度，在选区中生成印象派绘画的效果。该组滤镜主要包括"凸出"，"扩散"，"拼贴"，"曝光过度"，"查找边缘"，"浮雕效果"，"照亮边缘"，"等高线"和"风"9种效果。

其中"凸出"滤镜可以将图像转换成3D效果，如图8-23所示即为应用滤镜前后的对比效果，左图为原始图片(在本小节中将都以此图为例，后面不再提示)，右图为应用滤镜后的效果。

图8-23 "凸出"滤镜效果

"查找边缘"滤镜用相对于白色背景的黑色

线条勾勒图像的边缘，如图8-24所示。

"等高线"滤镜用于查找主要亮度区域，并为每个颜色通道淡淡地勾勒主要亮度区域，以获得等高线区中的线条类似的效果，如图8-25所示。

图8-24 "查找边缘" 图8-25 "等高线"滤镜
　　　　滤镜效果　　　　　　效果

"风"滤镜在图像中创建细小的水平线条来模拟风的效果，如图8-26所示。

"浮雕效果"滤镜通过将选区的填充色转换为灰色，并用原填充色描画边缘，从而产生使选区显得凸起或凹陷的效果，如图8-27所示。

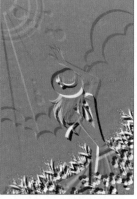

图8-26 "风"滤镜效果 图8-27 "浮雕效果"
　　　　　　　　　　　　　　　　滤镜效果

"扩散"滤镜通过将图像的像素扰乱，产生一种透过磨砂玻璃看图像的效果，如图8-28所示，左图为原始图片，右图为应用滤镜后的效果。

"拼贴"滤镜将图像分解为一系列拼贴，产生一种拼贴效果，如图8-29所示。

图8-28 原始图片与"扩散"滤镜效果

图8-29 "拼贴"滤镜效果

"曝光过度"滤镜用于混合负片和正片图像，类似于摄影过程中照片曝光的效果，如图8-30所示。

"照亮边缘"滤镜用于标识颜色的边缘，并向其添加类似霓虹灯的光亮，如图8-31所示。

图8-30 "曝光过度" 图8-31 "照亮边缘"
　　　　滤镜效果　　　　　　滤镜效果

8.2.2 "画笔描边"滤镜组

在"画笔描边"菜单中一共提供了8种不同的滤镜,这些滤镜能产生各种绘画效果,其中有些滤镜通过为图像增加颗粒、杂色或其他纹理,使图像产生各种各样的绘画效果。

"成角线条"滤镜以对角线方向的线条描绘图像,图像中的光亮区域与图像中的阴暗区域分别用方向相反的两种线条描绘,效果如图8-32所示。

图8-32 "成角线条"滤镜效果

"墨水轮廓"滤镜可以产生类似钢笔描绘的图像,效果如图8-33所示,左图为原始图片,右图为应用滤镜后的效果。

图8-33 原始图片与"墨水轮廓"滤镜效果

"喷溅"滤镜可以产生喷溅效果,类似于喷枪描绘,效果如图8-34所示。

"喷色描边"滤镜用于按照一定的角度喷射颜料重绘图像,效果如图8-35所示。

图8-34 "喷溅"滤镜效果　　图8-35 "喷色描边"
　　　　　　　　　　　　　　　　滤镜效果

"强化的边缘"滤镜用于明显化边缘处理,即减少图像的细节,强化图像的边缘,如图8-36所示。

"深色线条"滤镜用于用细密的暗色线条描绘图像的暗色区域,用细密的白色线条描绘图像的亮色区域,以产生黑色阴影效果,如图8-37所示。

图8-36 "强化的边缘"　　图8-37 "深色线条"
　　　　滤镜效果　　　　　　　　滤镜效果

"烟灰墨"滤镜用于在制定角度以喷射方式重绘图像,使原图像产生喷射效果,如图8-38所示。

"阴影线"滤镜用于产生网状线条,使图像色彩边缘变得粗糙,以产生阴影效果。它在保持图像细节和特点的前提下,将图像中颜色边界加以强化和纹理化,并且模拟铅笔交叉线的效果,如图8-39所示。

图8-38　"烟灰墨"滤镜效果

图8-39　"阴影线"滤镜效果

8.2.3　"模糊"滤镜组

　　"模糊"命令滤镜通过平衡图像中定义的线条和遮蔽区域的清晰边缘的像素，柔化选区或整个图像。该滤镜主要包括"表面模糊"、"动感模糊"、"方框模糊"、"高斯模糊"、"进一步模糊"、"径向模糊"、"镜头模糊"、"模糊"、"平均模糊"、"特殊模糊"和"形状模糊"11种效果。

　　"表面模糊"滤镜在保留边缘的同时模糊图像。此滤镜用于创建特殊效果并消除杂色或粒度。"半径"选项指定模糊取样区域的大小。"阈值"选项控制相邻像素色调值与中心像素值相差多大时才能成为模糊的一部分。色调值差小于阈值的像素被排除在模糊之外。效果如图8-40所示。

图8-40　"表面模糊"滤镜效果

　　"动感模糊"滤镜沿特定的方向，以特定强度进行模糊，动感模糊滤镜的效果类似于给一个运动的对象拍照。效果如图8-41所示，左图为原始图片，右图为应用滤镜后的效果。

图8-41　"动感模糊"滤镜效果

　　"方框模糊"滤镜是基于相邻像素的平均颜色值来模糊图像。此滤镜用于创建特殊效果。可以调整用于计算给定像素的平均值的区域大小。半径越大，产生的模糊效果越好。效果如图8-42所示。

　　"高斯模糊"滤镜用于添加低频细节，并产生一种朦胧的效果。效果如图8-43所示。

图8-42 "方框模糊"　　　图8-43 "高斯模糊"
　　　滤镜效果　　　　　　　滤镜效果

"进一步模糊"滤镜在图像中有显著颜色变化的地方消除杂色，"进一步模糊"滤镜通过平衡已定义的线条和遮蔽区域的清晰边缘旁边的像素，使变化显得柔和，它比"模糊"滤镜强3~4倍。效果如图8-44所示。

"径向模糊"滤镜模拟缩放或旋转的相机所产生的模糊，产生一种柔化的模糊。效果如图8-45所示。

图8-44 "进一步模糊"　　　图8-45 "径向模糊"
　　　滤镜效果　　　　　　　滤镜效果

"镜头模糊"滤镜用于向图像中添加镜头模糊以产生浅景深的效果，效果如图8-46所示。

"模糊"滤镜通过平衡已定义的线条和遮蔽区域的清晰边缘旁边的像素，使变化显得柔和。效果如图8-47所示。

"平均模糊"滤镜找出图像或选区的平均颜色，然后用该颜色填充图像或选区以创建平滑的外观。效果如图8-48所示。

图8-46 "镜头模糊"　　　图8-47 "模糊"滤镜效果
　　　滤镜效果

图8-48 "平均模糊"滤镜效果

"特殊模糊"滤镜精确地模糊图像。可以指定半径、阈值和模糊品质。"半径值"确定在其中搜索不同像素的区域大小。"阈值"确定像素具有多大差异后才会受到影响。效果如图8-49所示。

"形状模糊"滤镜使用指定的内核来创建模糊。从自定形状预设列表中选取一种内核，并使用"半径"滑块来调整其大小。通过单击三角形并从列表中进行选取，可以载入不同的形状库。半径决定了内核的大小；内核越大，模糊效果越好。效果如图8-50所示。

图8-49 "特殊模糊"滤镜效果

图8-50 "形状模糊"滤镜效果

8.2.4 "扭曲"滤镜组

"扭曲"滤镜是将图像进行扭曲来创建3D或其他变形效果。该滤镜主要包括"切变"、"扩散亮光"、"挤压"、"旋转扭曲"、"极坐标"、"水波"、"波浪"、"波纹"、"海洋波纹"、"球面化"、"玻璃"、"置换"和"镜头矫正"13种滤镜。

"波浪"滤镜类似波纹滤镜,但可以进行进一步控制。选项包括波浪生成器的数目,波长,波浪高度和波浪类型。效果如图8-51所示。

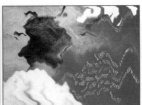

图8-51 原始图片与"波浪"扭曲效果

"波纹"滤镜用于在选区上创建波状起伏的图案,像水池表面的波纹。效果如图8-52所示。

"玻璃"滤镜可以使图像看起来像是透过不同类型的玻璃来观看的。效果如图8-53所示。

"海洋波纹"滤镜可以将随机分割的波纹添加到图像表面,使图像看上去像是在水中。效果如图8-54所示。

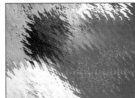

图8-52 "波纹"扭曲效果 图8-53 "玻璃"扭曲效果

图8-54 "海洋波纹"扭曲效果

"极坐标"滤镜将选区从平面坐标转换到极坐标,或将选区从极坐标转换到平面坐标。效果如图8-55所示。

"挤压"滤镜让图像或选区产生挤压效果。正值将选区向中心移动,负值将选区向外移动。效果如图8-56所示。

"镜头矫正"滤镜可修复常见的镜头瑕疵,效果如图8-57所示。

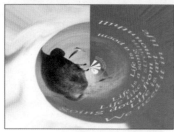

图8-55 "极坐标"扭曲效果　　图8-56 "挤压"扭曲效果　　图8-57 "镜头矫正"扭曲效果

"扩散亮光"滤镜会产生一种光芒四射的效果。该滤镜将透明的白色添加到图像，并从选区的中心向外渐隐亮光。效果如图8-58所示。

"切变"滤镜用于沿一条曲线扭曲图像。通过拖动框中的线条来指定曲线。用户可以调整曲线上的任何一点。单击"默认"按钮可将曲线恢复为直线。效果如图8-59所示。

"球面化"滤镜通过将选区折射成球形、扭曲图像以及伸展图像以适合选中的曲线，使对象具有3D效果。效果如图8-60所示。

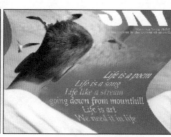

图8-58 "扩散亮光"扭曲效果　　图8-59 "切变"扭曲效果　　图8-60 "球面化"扭曲效果

"水波"滤镜将根据选区中像素的半径将选区径向扭曲。效果如图8-61所示。

"旋转扭曲"滤镜用于旋转选区，中心的旋转程度比边缘的旋转程度大。指定角度时可生成旋转扭曲图案。效果如图8-62所示。

"置换"滤镜使用名为置换图的图像确定如何扭曲选区。例如，使用抛物线形的置换图创建的图像看上去像是印在一块两角固定悬垂的布上。效果如图8-63所示。

图8-61 "水波"扭曲效果　　图8-62 "旋转扭曲"扭曲效果　　图8-63 "置换"扭曲效果

8.2.5 "素描"滤镜组

"素描"子菜单中的滤镜通常适用于创建美术或手绘外观。许多"素描"滤镜在重绘图像时使用"前景色"和"背景色"。用户可以通过"滤镜库"来应用所有"素描"滤镜。

"半调图案"滤镜用于在保持连续的色调范围的同时，模拟半调网屏的效果。效果如图8-64所示。

图8-64　"半调图案"效果

"便条纸"滤镜用于创建类似手工制作的纸张构建的图像。此滤镜简化了图像，图像的暗区显示为纸张上层中的镂空，使背景色显示出来。效果如图8-65所示。

"粉笔和炭笔"滤镜用于重绘高光和中间调，并使用粗糙粉笔绘制纯中间调的灰色背景。阴影区域用黑色对角炭笔线条替换。炭笔用"前景色"绘制，粉笔用"背景色"绘制。效果如图8-66所示。

图8-65　"便条纸"效果　　图8-66　"粉笔和炭笔"效果

"铬黄"滤镜用于渲染图像，就好像它具有擦亮的铬黄表面。高光在反射表面上是高点，阴影是低点。应用此滤镜后，使用"色阶"对话框可以增加图像的对比度。效果如图8-67所示。

"绘图笔"滤镜可以使用细的、线状的油墨描边以捕捉原图像中的细节。对于扫描图像，效果尤其明显。此滤镜使用"前景色"作为"油墨色"，并使用"背景色"作为"纸张色"，以替换原图像中的颜色。效果如图8-68所示。

图8-67　"铬黄"效果　　图8-68　"绘图笔"效果

"基底凸现"滤镜用于变换图像，使之呈

现浮雕的雕刻状和突出光照下变化各异的表面。图像的暗区呈现"前景色"，而亮区使用"背景色"。效果如图8-69所示。

"水彩画纸"滤镜产生有污点的、像画在潮湿的纤维纸上的涂抹效果，使颜色流动并混合。效果如图8-70所示。

图8-69　"基底凸现"效果　图8-70　"水彩画纸"效果

"撕边"滤镜用于重建图像，使之由粗糙、撕破的纸片状组成，然后使用"前景色"与"背景色"为图像着色。对于文本或高对比度对象，此滤镜尤其有用。效果如图8-71所示。

"塑料效果"滤镜将按3D塑料效果塑造图像，然后使用"前景色"与"背景色"相结合为图像着色。暗区凸起，亮区凹陷。效果如图8-72所示。

图8-71　"撕边"效果　　　图8-72　"塑料效果"效果

"炭笔"滤镜将产生色调分离的涂抹效果。主要边缘以粗线条绘制，而中间色调用对角描边的方式进行素描。炭笔是"前景色"，背景是"纸张颜色"。效果如图8-73所示。

"炭精笔"滤镜用于在图像上模拟浓黑和纯白的炭精笔纹理。"炭精笔"滤镜在暗区使用"前景色"，在亮区使用"背景色"。为了获得更逼真的效果，可以在应用滤镜之前将前景色改为常用的"炭精笔"颜色(黑色、深褐色和血红色)。要获得减弱的效果，请将背景色改为白色，在白色背景中添加一些前景色，然后再应用滤镜。效果如图8-74所示。

图8-73 "炭笔"效果　　图8-74 "炭精笔"效果

所示。

图8-75 "图章"效果　　图8-76 "影印"效果

"图章"滤镜可以简化图像，使之看起来就像是用橡皮或木制图章创建的一样。此滤镜用于黑白图像时效果最佳。效果如图8-75所示。

"影印"滤镜用于模拟影印图像的效果。大的暗区趋向于只拷贝边缘四周，而中间色调要么纯黑色，要么纯白色。效果如图8-76所示。

"网状"滤镜可以模拟胶片乳胶的可控收缩和扭曲的属性来创建图像，使之在阴影部分呈结块状，在高光部分呈轻微颗粒化。效果如图8-77所示。

图8-77 "网状"效果

8.2.6 "纹理"滤镜组

用户可以使用"纹理"滤镜组模拟具有深度感或物质感的外观，或者添加某种物品的外观效果。

"龟裂缝"滤镜可以将图像绘制在一个高凸现的石膏表面上，沿图像等高线生成精细的网状裂缝。使用此滤镜可以为包含多种颜色值或灰度值的图像创建浮雕效果。效果如图8-78所示，左图为原始图片，右图为应用效果。

图8-78 "龟裂缝"效果

"颗粒"滤镜可以通过模拟以下不同种类的颗粒在图像中添加纹理：常规、软化、喷洒、结块、强反差、扩大、点刻、水平、垂直和斑点(用户可从"颗粒类型"菜单中进行选择)。效果如图8-79所示。

"马赛克拼贴"滤镜可以渲染图像，使它看起来是由小的碎片或拼贴组成，然后在拼贴之间灌浆。效果如图8-80所示。

"拼缀图"滤镜可以将图像分解为用图像中该区域的主色填充的正方形。此滤镜随机减小或增大拼贴的深度，以模拟高光和阴影。效果如图8-81所示。

图8-79 "颗粒"效果　　图8-80 "马赛克拼贴"效果

图8-81 "拼缀图"效果

"染色玻璃"滤镜可以将图像重新绘制为用"前景色"勾勒的单色的相邻单元格。效果如图8-82所示。

"纹理化"滤镜可以将选择或创建的纹理应用于图像。效果如图8-83所示。

图8-82 "染色玻璃"效果　　　　图8-83 "纹理化"效果

8.2.7 "像素化"滤镜组

　　"像素化"子菜单中的滤镜通过使单元格中颜色值相近的像素结成块来清晰地定义一个选区。

　　"彩色半调"滤镜模拟在图像的每个通道上使用放大的半调网屏的效果。对于每个通道，滤镜将图像划分为矩形，并用圆形替换每个矩形。圆形的大小与矩形的亮度成比例。效果如图8-84所示，左图为原始图片，右图为应用效果。

图8-85 "点状化"效果　　图8-86 "晶格化"效果

图8-87 "马赛克"效果

图8-84 "彩色半调"效果

　　"点状化"滤镜将图像中的颜色分解为随机分布的网点，如同点状化绘画一样，并使用背景色作为网点之间的画布区域。效果如图8-85所示。

　　"晶格化"滤镜使像素结块形成多边形纯色块。效果如图8-86所示。

　　"马赛克"滤镜使像素结为方形块。给定块中的像素颜色相同，块颜色代表选区中的颜色。效果如图8-87所示。

　　"碎片"滤镜用于创建选区中像素的4个副本，将它们平均，并使其相互偏移。效果如图8-88所示。

　　"铜版雕刻"滤镜用于将图像转换为黑白区域的随机图案或彩色图像中完全饱和颜色的随机图案。效果如图8-89所示。

图8-88 "碎片"效果　　图8-89 "铜版雕刻"效果

8.2.8 "渲染"滤镜组

　　"渲染"滤镜组在图像中创建3D形状、云彩图案、折射图案和模拟的光反射等效果。

　　"3D变换"滤镜可在3D空间中操纵对象，创建3D对象(立方体、球面和圆柱)，并从灰度文件创建纹理填充以产生类似3D的光照效果。效果如图8-90所示。

图8-90 "3D变换"效果

"分层云彩"滤镜使用随机生成的介于"前景色"与"背景色"之间的值,生成云彩图案。此滤镜将云彩数据和现有的像素混合,其方式与"差值"模式混合颜色的方式相同。效果如图8-91所示。

"光照效果"滤镜使用户可以通过改变17种光照样式、3种光照类型和4套光照属性,在RGB图像上产生无数种光照效果。还可以使用灰度文件的纹理(称为凹凸图)产生类似3D的效果,并存储用户自己的样式以在其他图像中使用。效果如图8-92所示。

图8-91 "分层云彩"效果　图8-92 "光照效果"效果

"镜头光晕"滤镜模拟亮光照射到相机镜头所产生的折射。通过单击图像缩略图的任一位置或拖动其十字线,指定光晕中心的位置。效果如

图8-93所示。

图8-93 "镜头光晕"效果

"纤维"滤镜使用"前景色"和"背景色"创建编织纤维的外观。可以使用"差异"滑块来控制颜色的变化方式(较低的值会产生较长的颜色条纹;而较高的值会产生非常短且颜色分布变化更大的纤维)。"强度"滑块控制每根纤维的外观。较低的值会产生松散的织物,而较高的值会产生短的绳状纤维。单击"随机化"按钮可更改图案的外观;可多次单击该按钮,直到看到用户喜欢的图案。当应用"纤维"滤镜时,现用图层上的图像数据会被替换。效果如图8-94所示。

"云彩"滤镜使用介于前景色与背景色之间的随机值,生成柔和的云彩图案。效果如图8-95所示。

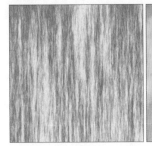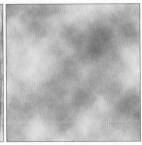

图8-94 "纤维"效果　图8-95 "云彩"效果

8.2.9 "艺术效果"滤镜组

用户可以使用"艺术效果"子菜单中的滤镜,为美术或商业项目制作绘画效果或艺术效果。例如,使用"木刻"滤镜进行拼贴或印刷。这些滤镜模仿自然或传统介质效果。

"壁画"滤镜使用短而圆的、粗略涂抹的小块颜料,以一种粗糙的风格绘制图像。效果如图8-96所示。

"彩色铅笔"滤镜使用彩色铅笔在纯色背景上绘制图像。保留重要边缘,外观呈粗糙阴影线;纯色背景色透过比较平滑的区域显示出来。要制作羊皮纸效果,请在将"彩色铅笔"滤镜应用于选中区域之前更改"背景色"。效果如图8-97所示。

图8-96 "壁画"效果　　　图8-97 "彩色铅笔"
　　　　　　　　　　　　　扭曲效果

"粗糙蜡笔"滤镜在带纹理的背景上应用粉笔描边。在亮色区域，粉笔看上去很厚，几乎看不见纹理；在深色区域，粉笔似乎被擦去了，使纹理显露出来。效果如图8-98所示。

"底纹效果"滤镜在带纹理的背景上绘制图像，然后将最终图像绘制在该图像上。效果如图8-99所示。

图8-98 "粗糙蜡笔"　　　图8-99 "底纹效果"
　　　扭曲效果　　　　　　　　扭曲效果

"调色刀"滤镜通过减少图像中的细节以生成描绘得很淡的画布效果，可以显示出下面的纹理。效果如图8-100所示。

"干画笔"滤镜使用干画笔技术绘制图像边缘。此滤镜通过将图像的颜色范围降到普通颜色范围来简化图像。效果如图8-101所示。

图8-100 "调色刀"　　　图8-101 "干画笔"
　　　扭曲效果　　　　　　　　扭曲效果

"海报边缘"滤镜根据设置的海报化选项减少图像中的颜色数量(对其进行色调分离)，并查找图像的边缘，在边缘上绘制黑色线条。大而宽的区域有简单的阴影，而细小的深色细节遍布图像。效果如图8-102所示。

"海绵"滤镜使用颜色对比强烈、纹理较重的区域创建图像，以模拟海绵绘画的效果。效果如图8-103所示。

图8-102 "海报边缘"　　　图8-103 "海绵"扭曲效果
　　　扭曲效果

"绘画涂抹"滤镜使用户可以选取各种大小(从1到50)和类型的画笔来创建绘画效果。画笔类型包括简单、未处理光照、暗光、宽锐化、宽模糊和火花。效果如图8-104所示。

"胶片颗粒"滤镜将平滑图案应用于阴影和中间色调。将一种更平滑、饱和度更高的图案添加到亮区。在消除混合的条纹和将各种来源的图素在视觉上进行统一时，此滤镜非常有用。效果如图8-105所示。

图8-104 "绘画涂抹"　　　图8-105 "胶片颗粒"
　　　扭曲效果　　　　　　　　扭曲效果

"木刻"滤镜使图像看上去好像是由从彩纸上剪下的边缘粗糙的剪纸片组成的。高对比度的图像看起来呈剪影状，而彩色图像看上去是由几层彩纸组成的。效果如图8-106所示。

"霓虹灯光"滤镜将各种类型的灯光添加到

图像中的对象上。此滤镜用于在柔化图像外观时给图像着色。要选择一种发光颜色，请单击发光框，并从拾色器中选择一种颜色。效果如图8-107所示。

图8-108 "水彩"扭曲效果

"涂抹棒"滤镜使用短的对角描边涂抹暗区以柔化图像。亮区变得更亮，以致失去细节。效果如图8-110所示。

图8-106 "木刻"扭曲效果　　图8-107 "霓虹灯光"扭曲效果

"水彩"滤镜以水彩的风格绘制图像，使用蘸了水和颜料的中号画笔绘制以简化细节。当边缘有显著的色调变化时，此滤镜会使颜色饱满。效果如图8-108所示。

"塑料包装"滤镜将给图像涂上一层光亮的塑料，以强调表面细节。效果如图8-109所示。

图8-109 "塑料包装"扭曲效果　　图8-110 "涂抹棒"扭曲效果

8.2.10 "杂色"滤镜组

"杂色"滤镜组用于添加或移去杂色或带有随机分布色阶的像素。这有助于将选区混合到周围的像素中。"杂色"滤镜可创建与众不同的纹理或移去有问题的区域，如灰尘和划痕。

"减少杂色"滤镜在基于影响整个图像或各个通道的用户设置保留边缘的同时减少杂色。效果如图8-111所示。

"蒙尘与划痕"滤镜通过更改相异的像素减少杂色。为了在锐化图像和隐藏瑕疵之间取得平衡，请尝试"半径"与"阈值"设置的各种组合。或者在图像的选中区域应用此滤镜。效果如图8-112所示。

图8-111 "减少杂色"扭曲效果　　图8-112 "蒙尘与划痕"扭曲效果

"添加杂色"滤镜将随机像素应用于图像，模拟在高速胶片上拍照的效果。也可以使用"添加杂色"滤镜来减少羽化选区或渐进填充中的条纹，或使经过重大修饰的区域看起来更真实。杂色分布选项包括"平均"和"高斯"选项。"平均"选项使用随机数值(介于0以及正/负指定值之间)分布杂色的颜色值以获得细微效果。"高斯"选项沿一条曲线分布杂色的颜色值以获得斑点状的效果。"单色"选项表示将此滤镜只应用于图像中的色调元素，而不改变颜色。效果如图8-113所示。

"中间值"滤镜通过混合选区中像素的亮度来减少图像的杂色。此滤镜搜索像素选区的半径范围以查找亮度相近的像素，扔掉与相邻像素差异太大的像素，并用搜索到的像素的中间亮度值替换中心像素。此滤镜在消除或减少图像的动感效果时非常有用。效果如图8-114所示。

图8-113 "添加杂色" 图8-114 "中间值"扭曲效果
扭曲效果

8.3 玉佩

接下来通过一系列的实例来熟悉各种滤镜的使用方法。首先制作一个名为"玉佩"的有中国特色的实例，效果如图8-115所示。

8.3.1 实例分析与效果预览

本实例具有浓郁的中国色彩。综合使用了"云彩"、"曲线"、"色相/饱和度"、"动感模糊"、"半调图案"、"色彩平衡"、"径向模糊"、"色阶"、"色彩平衡"、"光照效果"、"镜头光晕"和"喷色描边"等多个图像调整与滤镜命令，用户要反复推敲加以捉摸，最终效果如图8-115所示。

图8-115 最终效果

8.3.2 制作方法

1. 制作玉佩

首先要新建一个文件。执行"文件" | "新建"命令，在弹出的"新建"对话框中设置文件大小为640×480像素，在"名称"文本框中输入文件名"玉佩"，单击"确定"按钮保存设置。

将背景色设置为"黑色"，新建一层，在工具箱中单击 ◯ "椭圆工具"按钮，按住Shift键的同时绘制一个正圆，并填充白色，如图8-116所示。将其复制一层，按住Ctrl+T快捷键将其缩小50%，然后在"图层"面板中激活选区，回到大

圆层单击Delete键将中间删除，然后将小圆也删除，效果如图8-117所示。

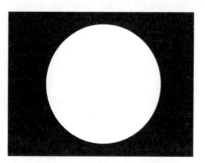

图8-116 绘制一个正圆形

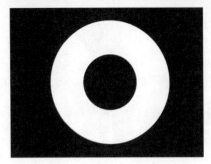

图8-117　删除中间的部分

　　将大圆复制一层，在"图层"面板中按住Ctrl键的同时激活选区，然后执行"滤镜"｜"渲染"｜"云彩"命令，效果如图8-118所示。接着执行"图像"｜"调整"｜"曲线"命令，打开"曲线"对话框，调整各项数值如图8-119所示，单击"确定"按钮保存设置。

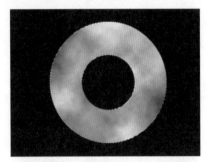

图8-118　填充云彩效果

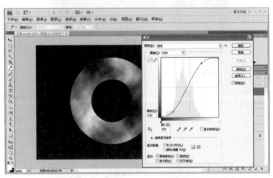

图8-119　删除中间的部分

　　接下来执行"图像"｜"调整"｜"色相/饱和度"命令，打开"色相/饱和度"对话框，选中"着色"复选框，然后选中黄绿色，单击"确定"按钮保存设置。执行"滤镜"｜"模糊"｜"动感模糊"命令，打开"动感模糊"对话框，将"角度"设置为90度，将"距离"设置为25像素，单击"确定"按钮保存设置，设置好的效果

如图8-120所示。

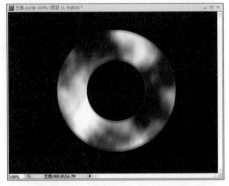

图8-120　"动感模糊"后的效果

　　执行"滤镜"｜"素描"｜"半调图案"命令，打开"半调图案"对话框，设置各项数值如图8-121所示。单击"确定"按钮保存设置。

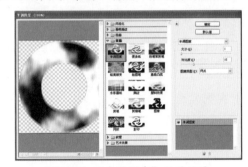

图8-121　"半调图案"后的效果

　　接着执行"滤镜"｜"模糊"｜"动感模糊"命令，打开"动感模糊"对话框，设置各项数值如图8-122所示。单击"确定"按钮保存设置。

　　接着执行"图像"｜"调整"｜"色彩平衡"命令，打开"色彩平衡"对话框，设置各项数值如图8-123所示。单击"确定"按钮保存设置。

图8-122　"动感模糊"后的效果

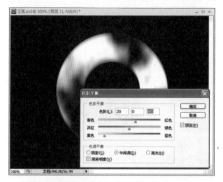

图8-123 "色彩平衡"后的效果

继续执行"滤镜" | "模糊" | "径向模糊"命令，打开"径向模糊"对话框，设置各项数值如图8-124所示。单击"确定"按钮保存设置。

继续执行"图像" | "调整" | "色阶"命令，打开"色阶"对话框，设置各项数值如图8-125所示。单击"确定"按钮保存设置。

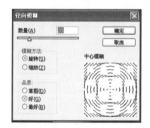

图8-124 "径向模糊"后的效果

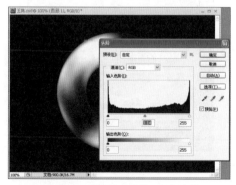

图8-125 "色彩平衡"后的效果

执行"图像" | "调整" | "色彩平衡"命令，打开"色彩平衡"对话框，设置各项数值如图8-126所示。单击"确定"按钮保存设置。

然后继续调整各项数值，并且旋转圆形到合适的角度，调整后的效果如图8-127所示。

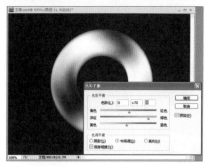

图8-126 "色彩平衡"后的效果

图8-127 调整色彩和角度后的效果

在"通道"面板中新建一层，将最初制作的那个镂空的环形图形复制到新建图层中，执行"滤镜" | "模糊" | "高斯模糊"命令，打开"高斯模糊"对话框，设置各项数值如图8-128所示。

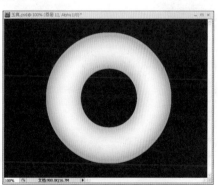

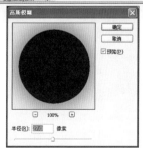

图8-128 设置"高斯模糊"

不要取消选区，回到图层面板，新建一个图层，将新图层置于最上层，填充黑色，取消选区，将图层模式改为"滤色"模式。这时这个图层会变得看不见，但不用担心，它马上就会显示出来。执行"滤镜"｜"渲染"｜"光照效果"，打开"光照效果"对话框，设置各项数值如图8-129所示。

回到上面的滤色图层中，双击打开"图层样式"对话框，选中"斜面和浮雕"选项，设置各项数值如图8-130所示。并且将此层的图层模式设置为"叠加模式"，将"不透明度"选项的数值设置为28%。此时的效果如图8-131所示。

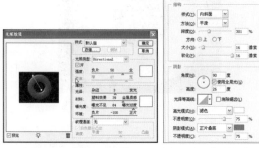

图8-129 "光照效果" 图8-130 设置"斜面和
对话框 浮雕"选项

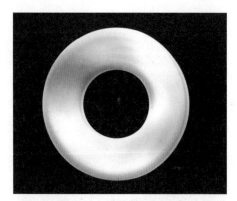

图8-131 此时的玉佩效果

将此图层复制一层，置于"图层"面板的最上层，将"图层模式"改为"正片叠底"，执行"图像"｜"调整"｜"自动色阶"命令，然后在按住Ctrl键的同时激活选区，再执行"滤镜"｜"模糊"｜"动感模糊"命令，将其"角度"设置为90度，距离为20个像素，再执行"滤镜"｜"模糊"｜"径向模糊"命令，数量为20，模糊方式为"旋转"，完成后的效果如图8-132所示。

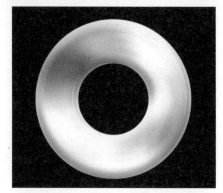

图8-132 应用动感模糊和径向模糊后的效果

在工具箱中单击 "钢笔工具"按钮，然后绘制出一个简单的云纹图形，单击 "将路径转换为选区"按钮将路径转换为选区，填充上黑色，然后根据玉佩的形状，将云纹制作3个副本，并调整它们的角度和位置，调整完成的效果如图8-133所示。

双击此图层，在弹出的"图层样式"对话框中选择"内发光"、"斜面和浮雕"、"颜色叠加"和"图案叠加"选项，设置各项数值如图8-134所示。然后将此层的"图层模式"设置为"柔光"模式，设置完成后的效果如图8-135所示。

图8-133 绘制云纹图形并调整位置

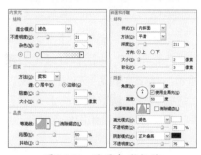

图8-134 设置各项数值

图8-134 （续）

图8-135 设置完各项数值后的效果

2. 制作丝绸背景

新建一层，将其放置于最底层。将前景色设置为黑色并填充黑色，执行"滤镜"｜"渲染"｜"镜头光晕"命令，打开"镜头光晕"对话框，调整光晕的角度为垂直方向，如图8-136所示，单击"确定"按钮保存设置。

图8-136 在"镜头光晕"对话框中进行调整

继续执行"滤镜"｜"扭曲"｜"波浪"命令，打开"波浪"对话框，设置各项数值如图8-137所示，单击"确定"按钮保存设置。

继续执行"滤镜"｜"画笔描边"｜"喷色描边"命令，打开"喷色描边"对话框，设置各项数值如图8-138所示，单击"确定"按钮保存设置。

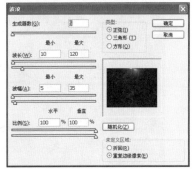

图8-137 在"波浪"对话框中进行调整

图8-138 "喷色描边"效果

执行"滤镜"｜"素描"｜"铬黄渐变"命令，打开"铬黄渐变"对话框，设置各项数值如图8-139所示，单击"确定"按钮保存设置。

图8-139 "铬黄渐变"效果

最后执行"图像"｜"调整"｜"色相/饱和度"命令，打开"色相/饱和度"对话框，选中"着色"复选框，并将色相调整为红色，设置完成后可以根据需要将红色丝绸的形状进行进一步调整，调整完成后的效果如图8-140所示。

最后将玉佩和背景合成到一起，并且新建一层绘制上淡淡的红色作为环境色，设置完成的效果如图8-141所示。在此基础上将整体色调调整得更加和谐，最终效果如图8-115所示。

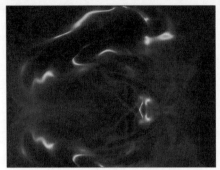

图8-140 红色丝绸背景效果　　　图8-141 反光效果

8.4 青铜

8.4.1 实例分析与效果预览

接下来通过一个名为"青铜"的实例来了解
制作青铜材质的器具的制作方法，最终效果如图
8-142所示。本实例中配合"加深"与"减淡"
工具塑造了酒杯的立体效果，然后使用"画笔工
具"和"投影"等图层样式制作出了铜锈的质
感，实例效果如图8-142所示。

图8-142 最终效果

8.4.2 制作方法

1. 绘制酒杯外形

首先要绘制出青铜酒杯的形状。在工具箱中
单击 "钢笔工具"按钮，然后绘制出酒杯的外
形，单击 "将路径转换为选区"按钮将路径
转换为选区，回到"图层"面板中新建一层，将
前景色设置为灰色(R：149，G：149，B：149)，
然后填充颜色，填充后的效果如图8-143所示。

在工具箱中单击 "加深工具"按钮，在
"选项栏"中的"范围"下拉列表中选择"中
间调"选项，设置"曝光度"选项的数值为
17%，然后为酒杯制作出一种立体感，效果如
图8-144所示。

图8-143 绘制出酒杯外形并填充颜色

图8-144　制作酒杯的立体感

在工具箱中单击  "自定义形状"按钮，然后绘制上一朵花的形状，双击图层打开"图层样式"面板，选中"斜面和浮雕"对话框，设置各项数值如图8-145所示，设置完成后的效果如图8-146所示。

图8-145　在"图层样式"对话框中设置

图8-146　设置完图层样式后的效果

使用同样的方法绘制出其他的元素，都绘制完成的效果如图8-147所示。

图8-147　绘制其他的元素

2. 制作铜锈

新建一层，按住Alt键的同时在新建层和立体层之间单击，让新建层的效果以立体层为轮廓来做效果。

在工具箱中选中 "画笔工具"按钮，在"画笔"下拉列表中选中36号画笔，然后分别将前景色调整为"灰绿色"(R：116，G：155，B：145)，"灰粉色"(R：162，G：134，B：126)，"橙红色"(R：229，G：166，B：124)，然后进行绘制，绘制完成的效果如图8-148所示。

这时候的酒杯看起来还很新，没有一种锈迹斑斑的效果，然后双击图层打开"图层样式"对话框，选中"投影"选项，设置"距离"和"大小"选项的数值都为1，设置完成后的效果如图8-149所示。

图8-148　为酒杯上颜色

图8-149　添加阴影后的效果

再新建一层，同样按住Alt键的同时在新建层和它下面的图层之间单击，使用同样的方法继续添加颜色并选中"投影"选项，绘制完成的效果如图8-150所示。

此时的酒杯看起来缺少铜锈，再新建一层，同样按住Alt键的同时在新建层和它下面的图层之间单击，在受光的部分绘制上铜锈效果并选中"投影"选项，绘制完成的效果如图8-151所示。

图8-150　进一步上色

图8-151　添加铜锈效果

此时的酒杯虽然有了铜锈的感觉，但是没有厚重感，像薄薄的铁片，所以将陆续对其进行调整。在工具箱中选中 ✐ "画笔工具"按钮，在"画笔"下拉列表中选中100号画笔，在"选项栏"中设置"不透明度"和"流量"选项的数值为30%，将前景色设置为"浅灰色"，然后调节整体光线的效果，如图8-152所示。

然后新建一层，将图层模式设置为"正片叠底"，继续使用相同的方法绘制，使酒杯看起来有一种厚重的感觉，效果如图8-153所示。

图8-152　调节整体的光线效果

图8-153　绘制酒杯的厚重感

接下来再新建一层，将画笔的颜色调亮，使用相同的方法绘制出酒杯的亮部，绘制完成的效果如图8-154所示。

图8-154　绘制好酒杯的亮部

3. 制作背景

新建一层，将它拖放到"图层"面板的最底层，在工具箱中单击 ▨ "渐变工具"按钮，然后填充一个红色到淡黄色的渐变效果，并且绘制上阴影效果，如图8-155所示。

图8-155　绘制上背景并绘制阴影效果

将此图层复制一层，在"图层模式"下拉列表中选择"正片叠底"选项，设置完成后的效果如图8-156所示。

图8-156　叠加背景后的效果

此时的画面整体感觉灰暗，没有光感。所以新建一层，调节画笔的颜色为较为纯亮的颜色，

绘制完的效果如图8-157所示。

图8-157　制作出背景的光感

最后添加上各种装饰效果，最终效果如图8-142所示。

8.5　橙汁

8.5.1　实例分析与效果预览

本实例综合使用了"网状"、"光照效果"、"分层云彩"、"基底凸现"和"径向模糊"等多种滤镜效果，制作过程也较为复杂。在本实例中用户应当掌握橙皮效果、切面效果和橙汁的制作方法。实例效果如图8-158所示。

图8-158　最终效果

8.5.2　制作方法

1. 制作橙子

接下来制作一组橙汁与橙子的实例来学习综合运用"路径工具"、"滤镜工具"和各种其他工具的方法。最终效果如图8-158所示。

首先来学习制作橙子的方法，在工具箱中单击 ◯ "椭圆形选框"按钮，然后绘制一个椭圆形，并且使用"渐变填充"工具来填充一个渐变色，如图8-159所示。

图8-159　绘制椭圆并填充颜色

接下来是用钢笔工具绘制出橙子的受光部分，单击 ⬭ "将路径转换为选区"按钮，将路径转换为选区，然后执行"选择"｜"修改"｜"羽化"命令，打开"羽化半径"对话框，设置"羽化半径"为5，然后新建一层填充上淡黄色，效果如图8-160所示。

图8-160　羽化选区并填充颜色

现在该把橙子表皮的纹理表现出来了，将渐变层复制一个副本并置于最上层，将前景色设置为"橙色"（R：249，G：160，B：5），背景色为白色，执行"滤镜"｜"素描"｜"网状"命令，打开"网状"对话框，设置"浓度"选项的数值为15，"前景色阶"的数值为20，"背景色阶"的数值为0。

然后接着执行"滤镜"｜"渲染"｜"光照效果"命令，打开"光照效果"对话框，设置各项数值如图8-161所示，单击"确定"按钮保存设置。将图层设置为"强光"模式，设置"不透明度"的数值为63%，效果如图8-162所示。

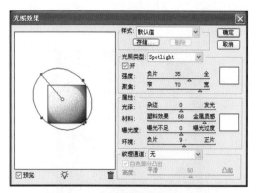

图8-161　设置"光照效果"对话框

图8-162　添加滤镜后的效果

新建一层，使用"画笔工具"绘制上橙子把，如图8-163所示。接着新建另一层，将前景色设置为"橙红色"（R：217，G：114，B：5），将"图层模式"设置为"强光"模式，进一步强调暗部，如图8-164所示。

图8-163　绘制上橙子把　　图8-164　进一步强调暗部

2. 制作橙子切面

接着绘制橙子切面的效果，将刚才制作的橙子放置到一个文件夹中，并将此文件夹制作一个副本，将复制的文件夹中的图层合并为一层。使用钢笔工具在橙子上绘制一个椭圆。

单击 ⬭ "将路径转换为选区"按钮，将此路径转换为选区，将前景色设置为"中黄色"（R：252 G：212 B：47），并填充选区，将此图层制作一个副本并置于上层，执行"滤镜"｜"画笔描边"｜"喷色描边"命令，设置"半径"选项的数值为8，"平滑度"选项的数值为2，完成后再按Ctrl+F键重复一次，并按Ctrl+T键将此图形同比例缩小。

接着执行"滤镜"｜"模糊"｜"高斯模糊"命令，在打开的对话框中设置"模糊半径"为2。在工具箱中单击 ⬚ "魔术棒工具"按钮，设置"容差"选项的数值为5，点选图形中间的黄色部分，执行"选择"｜"反向"命令把选区反转，然后删除被选中的部分，执行"图像"｜"调整"｜"曲线"命令，将其颜色调亮，接着使用"模糊工具"将此图形的边缘来回的涂抹，使其边缘更柔和，从而能跟下边的图层更好的融合，效果如图8-165所示。

激活前面图层的选区，新建一个图层，填充上白色的底色，用"画笔工具"在切面的周边点一些小亮点，使用模糊工具稍微加以模糊处理，然后将此层的"图层模式"设置为"正片叠底"，效果如图8-166所示。

接下来制作橙子内部的切面效果，新建一个图层，使用"渐变工具"设置一个"淡黄色"到"橙色"的渐变效果，将前景色设置为"橙黄色"(R：244 G：175 B：42)，背景色为白色，执行"滤镜"｜"渲染"｜"分层云彩"命令，完成后按Ctrl+F键重复15~20次，效果如图8-167所示。

图8-165 添加滤镜后 图8-166 叠加图层后的效果
的切面效果

图8-167 重复运用分层云彩后的效果

接着执行"滤镜"｜"素描"｜"基底凸现"命令，打开"基底凸现"对话框，设置"细节"选项的数值为15，设置"平滑度"选项的数值为2，在"光照"下拉列表中选择"下"选项，如图8-168所示。

再执行"滤镜"｜"模糊"｜"径向模糊"命令，打开"径向模糊"对话框，设置数量为15，设置"模糊方法"为"缩放"，完成后再按Ctrl+F键重复一次。

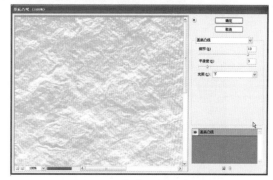

图8-168 "基底凸现"对话框

再执行"滤镜"｜"渲染"｜"光照效果"命令，打开"光照效果"对话框，设置各项数值如图8-169所示。将前景色设置为"橙色"(R：248，G：62，B：47)，执行"图像"｜"调整"｜"渐变映射"命令，打开"渐变映射"对话框，调整颜色，调整后的效果如图8-170所示。

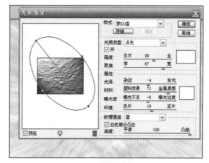

图8-169 "光照效果"对话框

图8-170 "渐变映射"对话框

然后执行"编辑"｜"变换"｜"扭曲"命令，拖动上面的节点将图像的形状及位置做调整，如图8-171所示。

在工具箱中选中"钢笔工具"，然后绘制出橙子肉的边缘效果，然后将路径转换为选区，执行"选择"｜"反向"命令，将选区反向，单击

Delete键将不需要的部分删除，然后绘制出橙子的细丝和剩下的一半，效果如图8-172所示。

图8-171　扭曲后的效果

图8-172　裁切后的效果

然后使用前面介绍过的方法将酒杯等元素绘制完整，最终效果如图8-158所示。

8.6　美容去斑

8.6.1　实例分析与效果预览

接下来通过一个名为"美容去斑"的实例来实现为女士美容的效果。对比效果如图8-173所示。在本实例中重点使用了"中间值"和"高斯模糊"滤镜效果，此方法修改出来的图片非常自然，并且能够遮盖皮肤上的雀斑等瑕疵，对比效果如图8-173所示。

图8-173　对比效果

8.6.2　制作方法

首先导入素材图片"人物脸庞.jpg"，将其复制一层，执行"滤镜"｜"杂色"｜"中间值"命令，打开"中间值"对话框，将"半径"选项的数值设置为14，单击"确定"按钮保存设置，此时的效果如图8-174所示。

再执行"滤镜"｜"模糊"｜"高斯模糊"命令，打开"高斯模糊"对话框，在打开的对话框中设置"半径"选项的数值为10，单击"确定"按钮保存设置，此时的效果如图8-175所示。

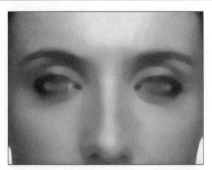

图8-174　设置"中间值"后的效果

图8-175 设置"高斯模糊"后的效果

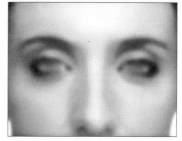

图8-176 调整素材亮度后的效果

接着执行"图像"｜"调整"｜"亮度/对比度"命令，打开"亮度/对比度"对话框，设置"亮度"选项的数值50，设置"对比度"选项的数值为20，单击"确定"按钮保存设置。然后在工具箱中单击 ▣ "减淡工具"按钮，将素材的脸庞提亮，效果如图8-176所示。

在工具箱中单击 ▣ "橡皮擦工具"按钮，在"选项栏"中将"不透明度"和"流量"选项的数值设置为30%，将五官部分的像素擦除，将此层的"不透明度"设置为75%，完成的效果如图8-177所示。

图8-177 擦除五官部分的像素后的效果

将此模糊层复制一层，继续执行"图像"｜"调整"｜"亮度/对比度"命令，打开"亮度/对比度"对话框，设置"亮度"选项的数值20。将"图层模式"设置为"柔光"模式，将"不透明度"选项的数值设置为60%，完成的效果如图8-173所示。

第9章　广告设计

本章展现：

本章将学习广告招贴的基本概念及分类，并且通过实例来具体讲解使用软件制作海报、招贴等具体内容的方法。

本章的主要内容如下：

- 广告招贴简述及分类
- 音乐剧海报设计
- 珠宝广告招贴设计
- 展览会招贴设计
- 电影海报设计

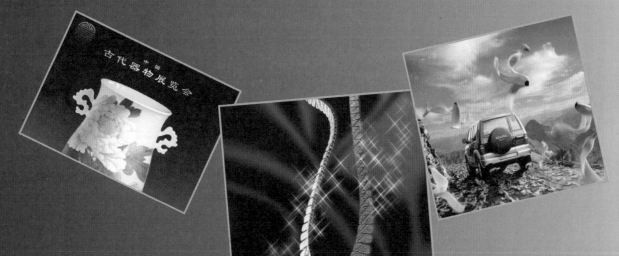

9.1　广告招贴简叙及分类介绍

自从设计产生以来，人们时刻在探索新的设计，平面广告和招贴也是如此。每一幅作品，都有它所要表达的主题。人们可以通过一个最吸引人目光的实体在作品中表现出主题，再搭配一些装饰和附属品，就完成了一个作品，而这个最吸引人目光的实体，也是人们的创意表现。在这一章里，将介绍在平面广告和招贴设计中，设计者应该了解的构图、色彩和文字等方面的内容。

如果用户对大师们的创作风格有所了解，便会知道，Photoshop差不多"集成"了所有已知的绘画技巧，由于其各种高难绘画技巧的高度封装性，使得其再现手法较现实的纸、笔更易掌握。在这其中静下心来学一学有关平面广告和招贴的东西，就会发现设计中所蕴藏的深意。下面就从几个方面谈谈在设计平面广告和招贴时应注意的问题，用来帮助读者更好地完成作品。

1. 创意

深入了解需要传达的信息，准确把握设计的精髓，才能做出传神到位的作品。只有明确了具体的设计内容之后，设计者才能以具体事例具体对待方法，来选择最合适的技术与表现手法。接下来通过几个设计来说明设计者应该如何把创意应用到作品中去。

运用各种方式抓住和强调产品或主题本身与众不同的特征，并把它鲜明地表现出来，将这些特征置于广告画面的主要视觉部位或加以烘托处理，使观众在接触言辞画面的瞬间即很快感受到，对其产生注意和发生视觉兴趣，达到刺激购买欲望的促销目的。在审美的过程中通过丰富的联想，能突破时空的界限，扩大艺术形象的容量，加深画面的意境。

例如，如图9-1所示的这则手表广告，它的创意给人十分直观的视觉冲击，通过手表与水的撞击，突出了这手表良好的防水性能。

还有，通过联想，人们在审美对象上看到自己或与自己有关的经验，美感往往显得特别强烈，从而使审美对象与审美者融合为一体，在产生联想过程中引发了美感共鸣，其感情的强度总是激烈的、丰富的。

如图9-2所示的三菱汽车这则广告不是只顾宣传自己的汽车的性能有多强，它很人性化，旨在鼓励人们开车时使用安全带。爱人、孩子的双手代表着安全的形象，很贴心。

图9-1　手表广告

图9-2　三菱汽车广告

此外，用户还可以通过幽默的表现手法，运

用饶有风趣的情节，巧妙的安排，把某种需要肯定的事物，无限延伸到漫画的程度，造成一种充满情趣，引人发笑而又耐人寻味的幽默意境。幽默的矛盾冲突可以达到出乎意料之外，又在情理之中的艺术效果，勾引起观赏者会心的微笑，以别具一格的方式，发挥艺术感染力的作用。

如图9-3所示的这个汉堡广告，广告的中心宗旨是突出此汉堡的分量很足，画面布局饱满，表现手法幽默，通过汉堡与小狗大小悬殊的对比，来充分的展现了广告主题。

再如另外的一则汽车广告，如图9-4所示。汽车平稳的从布满香蕉皮的公路上开过，通过夸张与幽默的方法充分地体现了汽车良好的防滑性，整幅画面中没有一句广告语，但是却能使观者立即体会到广告主题。

图9-3 汉堡广告

图9-4 汽车广告

2. 版式

版式设计是在进行广告设计时，根据广告主题的要求，对传达内容的各种构成要素予以必要的关系设计，进行视觉的关联与配置，使这些要素和谐地出现在一个版面上，并相辅相成，在构成上成为具有活力的有机组合，以发挥最强烈的感染力，传达出正确而明快的信息。版式设计应该在尊重信息传递这一功能性的基础上考虑其艺术性。

版式设计的目的就是对各类主题内容的版面格式实施艺术化或秩序化的编排和处理，以提高版面的视觉冲击力，加强广告对于消费者的诱导力量。有力而正确的传达方向能抓住消费者的注意力，使其在消费者心理上留下良好的印象及深刻记忆。就版式设计的目的，可以归纳为以下几方面：

1) 将构成要素作有效果的配置，以便引人注目。

2) 考虑配置及文字的大小等，使之成为易读的文章。

3) 画面要具有统一感，成为美的构成。为搞活这种版式设计的效果，必须明确把握主要矛盾。

正如构图是一切绘画作品的重要问题一样，广告版面设计的首要问题就是采取何种构图形式。它决定了片面的结构形态，不同的构图有不同的诉求效果。这里列举的是 些常见的广告版面编排设计的构图形式。

如图9-5所示的为"标准式"构图方式，这是最常见的简单而规则的广告版面编排类型，该广告一般按照从上到下的顺序排列图片、标题、说明文字和标志图形。它首先利用图片和标题吸引人们的注意，然后引导人们阅读说明文和标志图形，自上而下符合人们认识的心理顺序和思维激动的逻辑顺序，能够产生良好的阅读效果。

如图9-6所示的为"棋盘式"布局，在安排版面时，将片面全部或部分分割成若干等量的方块形态。互相明显区别，作棋盘式设计。这种编排只用于介绍一系列产品或使用该产品后不同人们的反应等等。在做这种设计时，要注意不同区域的动感和韵律感，在色彩、图形大小上进行了调整与区别。

图9-5 "标准式"构图方式 图9-6 "棋盘式"构图方式

如图9-7所示的为"图片式"布局，用一张图片占据整个版面，图片可以是广告人物形象，也可以是广告创意所需要的特定场景，在图片适当的位置直接加入标题、说明文或标志图形。在进行这种编排设计时，一定要注意选择与制作表现广告创意的高质量图片，这对完美的视觉效果起着决定性作用。

如图9-8所示的为"自由式"布局，构成要素在版面上作不规则的排放，没有明确的规律，生动自职、灵活多变，形成随意轻松的视觉效果。设计时要注意统一气氛，进行色彩或图形的相似处理，避免杂乱无章，任意堆砌。同时又要主体突出，符合视觉流程规律，这样方能取得最佳诉求效果。

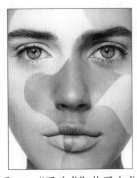 

图9-7 "图片式"构图方式 图9-8 "自由式"构图方式

如图9-9所示的为"重复式"布局，它的构

成要素具有较强的吸引力，可以使版面产生节奏感，增加画面情趣。

如图9-10所示的为"字体式"布局，在编排时，对商品的品名或标志图形进行放大处理，使其成为版面上主要的视觉要素。作此变化可以增加版面的情趣，突破广告主题，使人印象深刻。在设计中力求简洁巧妙。

图9-9 "重复式"构图方式

图9-10 "字体式"构图方式

3. 色彩

色彩其实是一种很微妙的东西，它们本身的独特表现力可以使人们的大脑产生出一种共鸣，同时展现出对生活的新看法与新态度。色彩扩大了人们创作时的想象空间，赋予了创作新的不定性。

其实在一个具体的设计上，形态的组织、色彩的构成等都是为了获得一种整体的视觉效果。在这里抛开其他形态组织不谈，先简单地分析下一张设计稿在色彩上是如何形成一个统一和谐的整体的。看下面的画面，如图9-11所示。其水蓝色的色调与模特的纱裙，江边的景致和谐地统一在一起，画面充满了如真似幻的浪漫情调和幽深清远的审美谐趣，使人看到这张招贴，就有一种去这里居住的向往。从而完美地体现了"长江岸上的院馆"的浪漫、幽静和水天相接的特点。

再来看另外的一张海报，如图9-12所示。整幅画面呈现出暗红色调，透过骷髅头像，红色的海岸和点点红色喷溅，使人很容易就联想到了这部电影充满了血腥的色彩，而且两个滑板交叉构成的图形好似两把尖刀，在暗示故事的发生与滑板相关的同时，也更加衬托出其惊悚的情节。

图9-11　蓝色调地产广告　　图9-12　红色调电影海报

如图9-13所示的两幅图片可谓融入了东西方文化的精髓，设计中体现出了浓郁的中国传统的艺术风格。在色彩上，主要运用了协调和对比相统一的方法，背景的泛黄色彩使人联想到宣纸的质地；剪纸形象的灰色调与背景拉开了层次而又紧紧的统一在一起。传统剪纸工艺的门神造型与宣传主题"设计不是耍花枪"前后呼应，使阅读者对主题内容产生深刻的印象。

图9-13　传统色调广告

4. 文字

文字是人类文化的重要组成部分。无论在何种视觉媒体中，文字和图片都是其两大构成要素。文字排列组合的好坏，直接影响其版面的视觉传达效果。因此，文字设计是增强视觉传达效果，提高作品的诉求力，赋予作品版面审美价值的一种重要构成技术。

在视觉传达的过程中，文字作为画面的形象要素之一，具有传达感情的功能，字型设计良好，组合巧妙的文字能使人感到愉快，留下美好的印象，从而获得良好的心理反应。反之，则使人看后心里不舒服，视觉上难以产生美感，甚至会让观众感到厌烦，这样势必难以传达出作者想表现出的意图和构想。

为了使文字具备美学效应，可以把它图形化。所谓文字的图形化，即是把记号性的文字作为图形元素来表现，同时又强化了原有的功能，如图9-14所示。

总的来说，字体具有两方面的作用：一是实现字意与语义的功能，二是美学效应。作为设计者，既可以按照常规的方式来设置字体，也可以对字体进行艺术化的设计。无论怎样，一切都应以如何更出色地实现自己的设计为目标。

图9-14　文字要素排列的广告

9.2　音乐剧海报设计

9.2.1　实例分析与效果预览

　　人生总是现实与幻觉的交融体。幻想是人类对于未来的无限憧憬。在一次次蜕变中获得新生，在一次次蜕变中成长。实例最终效果如图9-15所示。

图9-15　最终效果预览

9.2.2 制作方法

1. 制作背景

新建一个文件，将其命名为"音乐剧海报"。设置尺寸为600×450像素，分辨率200像素/英寸，RGB模式。按D键调整前后背景色到系统默认的黑、白两色状态。

单击 □ "新建组"按钮，将它命名为"背景"。新建一个图层，然后在工具箱中单击 ■ "渐变工具"按钮，在"选项栏"中单击 ▨▾ "可编辑渐变"按钮，打开"可编辑渐变"对话框，设置一个"深蓝色"(R：4，G：49，B：101)到"灰绿色"(R：167，G：224，B：230)的渐变效果。效果如图9-16所示。

新建一个图层置于上面，再添加一个"绿色"(R：123，G：239，B：249)到"透明"的渐变效果，将"图层模式"设置为"亮度"模式，效果如图9-17所示。

图9-16 填充渐变背景

图9-17 叠加渐变效果

接着双击此图层，打开"图层样式"对话框，选中"图案叠加"对话框，设置各项数值如图9-18所示，单击"确定"按钮保存设置。设置后的效果如图9-19所示。

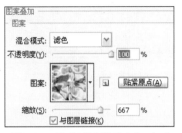

图9-18 设置"图案叠加"选项

图9-19 叠加图案后的效果

再新建一层，使用"画笔工具"绘制出丝绸的效果，如图9-20所示。

在工具箱中单击 T "文本工具"按钮，输入文本BUTTERFLY，设置"字号"为48号，然后执行"图层"｜"栅格化"｜"文字"命令，将文字层转换为普通图层，在按住Ctrl键的同时单击鼠标左键激活选区，执行"编辑"｜"描边"命令，打开"描边"对话框，设置"描边颜色"为"白色"，"宽度"为2，并填充一个"蓝色"(R：0，G：65，B：119)至"黄色"(R：250，G：246，B：190)的渐变色，效果如图9-21所示。

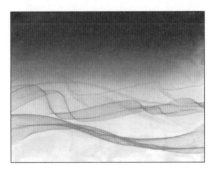

图9-20 添加丝绸后的效果

图9-21　输入文本并填充颜色

2. 制作空灵主题

单击 ▢ "新建组"按钮，将它命名为"空灵"。在"路径"面板中新建一层，在工具箱中单击 ▧ "钢笔工具"按钮，然后绘制出主体形状的外形，单击 ◯ "将路径转换为选区"按钮将路径转换为选区，首先使用"油漆桶"工具填充上白色。然后使用"画笔工具"在选区周边绘制上渐变效果。如图9-22所示。

图9-22　绘制主体并填充颜色

然后双击图层打开"图层样式"对话框，选中"内发光"和"外发光"选项，设置它们的数值如图9-23所示，设置完成的效果如图9-24所示。

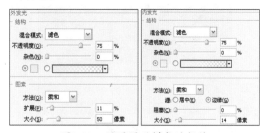

图9-23　设置图层样式的数值

图9-24　添加图层样式后的效果

新建一层，结合"画笔工具"和"加深工具"在主体物的中心部位绘制上凹凸效果，如图9-25所示。

图9-25　绘制上凹凸效果

双击图层打开"图层样式"对话框，选中"颜色叠加"、"渐变叠加"和"图案叠加"选项，设置他们的数值如图9-26所示，设置完成的效果如图9-27所示。

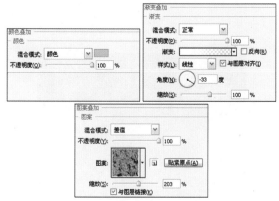

图9-26　设置图层样式的数值

图9-27 添加图层样式后的效果

将刚才的图层制作一个副本，将图层模式设置为"变亮"模式，效果如图9-28所示。

图9-28 复制图层并更改模式后的效果

新建一层，将主体层的选区激活，并且将其向右移动5个像素，将"前景色"设置为"蓝紫色"，然后选中"画笔工具"，在"选项栏"中设置"不透明度"和"流量"选项的数值为30%，绘制上反光效果，如图9-29所示。

在"路径"面板中新建一个路径层，使用"钢笔工具"绘制出一个蝴蝶的形状，然后把此形状转换为选区，回到"图层"面板中新建一层，填充上"白色"，如图9-30所示。

图9-29 绘制上反光效果

图9-30 绘制蝴蝶并填充上白色

将"蝴蝶"图层的"填充"选项的数值设置为23%，双击图层打开"图层样式"对话框，选中"内发光"选项，设置它的数值如图9-31所示，设置完成的效果如图9-32所示。然后将此图层制作两个副本，并分别将"不透明度"选项的数值调整为59%和48%。

图9-31 设置图层样式的数值

图9-32 添加图层样式后的效果

新建一层，沿主体的右侧绘制出反光区域的路径，并填充"白色"，在"图层"面板中设置"填充"选项的数值为20%。双击打开"图层样式"面板，选中"内发光"和"斜面和浮雕"选项，设置数值如图9-33所示。单击"确定"按钮保存设置，设置完成的效果如图9-34所示。

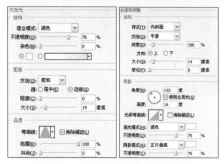

图9-33 设置图层样式的数值

图9-34 添加图层样式后的效果

　　使用同样的方法绘制出其他的反光区域，设置完成的效果如图9-35所示。

　　将"空灵"文件夹复制3次，并且调整它们的颜色和不透明度，放置在如图9-36所示的

位置。

图9-35 制作其他的反光效果

图9-36 复制"空灵"文件夹后的效果

最终效果如图9-15所示。

9.3　珠宝广告招贴

9.3.1　实例分析与效果预览

　　如何制作高品位的商业广告？如珠宝首饰类，强调视觉的高雅，华贵，并且要突出商品本身的质感。本实例主要通过一张珠宝广告招贴的制作来向读者介绍商业招贴广告的制作技巧。实例通过色彩调整滤镜对画面的整体色调进行调节，以体现高雅的视觉感；通过特殊笔触的应用来增加流动光效，使整体在高雅中不失流动感。招贴效果如图9-37所示。

图9-37 最终效果预览

9.3.2 制作步骤

1. 导入素材并编辑

执行"文件"|"新建"菜单命令(快捷键Ctrl+N),弹出新建对话框。在此对话框中设置宽度为800,高度为600,在模式下拉列表中选择RGB颜色,如图9-38所示。设置完成后单击"确定"按钮结束设置,新建文件。

图9-38 在"新建"对话框中进行设置

单击图层面板底部的 "创建新的图层"按钮,新建一个图层并将它命名为"素材",如图9-39所示。执行"文件"|"存储为"菜单命令,打开"存储为"对话框,在"文件名"文本框中输入"珠宝广告招贴"按钮,并单击"保存"按钮保存文件。

执行"文件"|"打开"命令,在"打开"对话框中将鼠标移动到打开的"素材"文件上,按住鼠标左键将它拖入"珠宝广告招贴"文件的"素材"图层中,执行"编辑"|"变换"|"缩放"命令(快捷键Ctrl+T),对文件进行缩放和旋转调整,调整后的效果如图9-40所示。然后按住鼠标左键选中"素材"图层,并将它拖动到 "创建新的图层"按钮上,生成一个新的图层"素材副本",将它重新命名为"项链原始层"。

切换到"路径"面板,单击 "创建新的图层"按钮,创建一个新的路径图层,然后在工具面板中单击 "钢笔工具"按钮,沿项链的形状绘制出路径,如图9-41所示。单击 "选区转换"按钮将路径转换为选区,此时效果如图9-42所示,整个项链处于选中状态。

 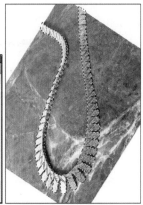

图9-41 绘制路径　　图9-42 路径转换为选区

在此要注意,如果直接使用"钢笔工具"在"图层"面板中进行绘制会生成矢量图层,不方便以后的操作。所以建议初学者一定要在"路径"面板中进行绘制。

执行"选择"|"反选"命令,选区效果就变更为除项链以外的区域,单击Delete键将其删除,并调整它的位置,调整后的效果如图9-43所示。

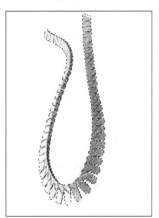

图9-43 调整素材

 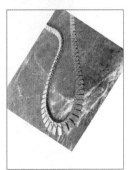

图9-39 创建新图层　　图9-40 调整素材大小和角度

2. 制作背景

单击图层面板底部的  "创建新的图层" 按钮，新建一个图层并将它命名为"背景"。单击 "素材浏览器"按钮，打开 "浏览"对话框，然后在素材文件夹中选择图片素材"背景"并双击将其打开。将鼠标移动到打开的"背景"文件上，按住鼠标左键将它拖入"背景"图层中。然后按住鼠标左键选中"背景"图层，并将它拖动到 "创建新的图层"按钮上，生成一个新的图层"背景副本"，如图9-44所示。

图9-44 生成副本

选中"背景副本"图层，执行"滤镜" | "模糊" | "高斯模糊"命令，弹出如图9-45所示的"高斯模糊"对话框，在"半径"文本框中输入文本7.5，单击"确定"按钮保存设置。设置完成的效果如图9-46所示。

图9-45 "高斯模糊"面板　图9-46 高斯模糊效果

接下来进行背景色彩的调整，执行"图像" | "调整" | "色相/饱和度"菜单命令(快捷键 Ctrl+U)，打开如图9-47所示的"色相/饱和度"面板，设置色相数值为-12，饱和度数值为-44，明度数值为-15。设置完成后的效果如图9-48所示。

图9-47 "色相/饱和度"面板

图9-48 调整色彩后的效果

单击图层面板底部的 "创建新的图层"按钮，新建一个图层并将它命名为"光影"。在工具箱中单击 "渐变工具"按钮，切换到渐变工具方式。单击 "编辑渐变"按钮，弹出"渐变编辑器"对话框，设置颜色由"黑色"到"透明色"过渡。

回到"图层"面板中，在"混合模式"下拉列表中选择"正片叠底"模式，调整"透明度"选项为65%，完成后的效果如图9-49所示。

图9-49 设置渐变颜色后的效果

选中"项链原始层",执行"图像"|"调整"|"曲线"菜单命令(快捷键Ctrl+M),弹出"曲线"对话框,设置输入的数值为134,设置输出的数值为115,如图9-50所示。

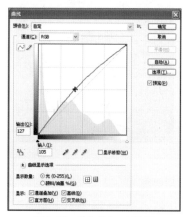

图9-50 "曲线"对话框

按住鼠标左键选中"项链原始层"图层,并将它拖动到█"创建新的图层"按钮上制作一个新的副本并将它重新命名为"项链光环"。将"项链光环"拖到"项链原始层"下方,并用键盘上的→和↓方向控制键各移动3个像素。

执行"滤镜"|"模糊"|"动感模糊"菜单命令,弹出"动感模糊"对话框,设置"角度"选项为90度,设置"距离"选项为15像素,单击"确定"按钮保存设置,如图9-51所示。再执行"滤镜"|"模糊"|"高斯模糊"菜单命令,弹出"高斯模糊"对话框,设置"半径"选项为7.5像素,如图9-52所示。在完成以上的操作后,效果如图9-53所示。

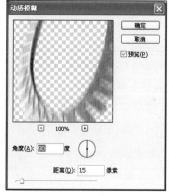

图9-51 设置"动感模糊"面板

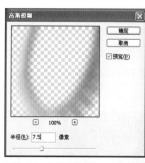

图9-52 "高斯模糊"对话框　图9-53 应用特效后的效果

按住鼠标左键选中"项链原始层"图层,将它拖动到█"创建新的图层"按钮上制作一个新的副本,并将该副本重新命名为"项链影子"。执行"编辑"|"变换"|"垂直翻转"命令,将其翻转。

单击█"蒙版工具"按钮,添加蒙版。然后在工具面板中单击█"渐变工具"按钮,并双击█"编辑渐变"按钮,在弹出的"渐变编辑器"对话框中,设置颜色由"黑色"到"白色"过渡。并在"图层"面板中设置"不透明度"选项的数值为55,设置完成的效果如图9-54所示。

图9-54 设置倒影效果

3. 制作流动光效

单击图层面板底部的█"创建新的图层"按钮,新建一个图层并将它命名为"流动光效"。在工具面板中单击█"画笔工具"按钮,在"画笔"下拉列表中选择最后一种笔触来制作光效,如图9-55所示。然后在"流动光效"图层中绘制出流动光效，如图9-56所示。

单击 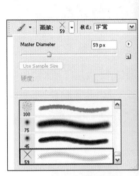 "蒙版工具"按钮，添加蒙版。同样在工具面板中单击 "画笔工具"按钮，然后在"画笔"下拉列表中选择"柔角65像素"笔触，设置"不透明度"和flow选项的数值都为50。然后在之前绘制的流动光效的两端进行处理，效果如图9-57所示。

| 图9-55　选择笔触 | 图9-56　绘制流动光效 |

图9-57　处理完成的效果

按住鼠标左键选中"流动光效"图层，将它拖动到 "创建新的图层"按钮上制作一个新的副本，并将该副本重新命名为"流动光效2"，将它拖动到"流动光效"的下方。同样添加蒙版进行处理，方法同上。然后执行"滤镜" | "模糊" | "高斯模糊"菜单命令，设置"半径"选项的数值为5。设置完成后的效果如图9-58所示。

图9-58　添加高斯模糊合成后的效果

4. 输入文本

在工具箱中单击 T "文本工具"按钮，然后在画布中单击鼠标左键，输入文本Jewelry，单击 "显示字符和段落"按钮，打开"字符"面板，设置各项数值如图9-59所示。双击Jewelry层，打开"图层样式"对话框，选中"外发光"选项，设置各项数值如图9-60所示。设置完成的效果如图9-61所示。

| 图9-59　在"字符" | 图9-60　设置"图层样式" |
| 面板中设置 | 的数值 |

单击图层面板底部的 "创建新的图层"按钮，新建一个图层并将它命名为"渐变"。然后在工具面板中单击 "渐变工具"按钮，并双击 "编辑渐变"按钮，在弹出的"渐变编辑器"对话框，设置颜色由"土黄"、"淡黄"到"白色"过渡，效果如图9-62所示。

图9-61 设置完图层样式 图9-62 绘制完成的效果图 的效果

按住Alt键的同时在"渐变"层和Jewelry层中间单击鼠标左键,效果如图9-63所示。

图9-63 渐变叠加后的效果

在工具箱中单击 T "文本工具"按钮,然后在画布中单击鼠标左键,输入文本An international collection of over 1,800 tickets that celebrates the quality of design,并调整文本的大小,读者可根据需要自行安排,最终完成效果如图9-37所示。

9.4 展览会招贴设计

9.4.1 实例分析与效果预览

本实例是一个"古代器物展览会"的招贴设计,所以在设计中力图体现中一种中西相结合的文化交融感。在沉稳的色调中大胆运用瓷器作为主体,它是世界文明的象征,又是中国千年古文化的象征,瓷器上的花纹采用牡丹花,寓意吉祥,造型大方,并且采用了较为华丽与喜庆的红色调作为纹饰的主调,整个招贴的效果如图9-64所示。

图9-64 最终完成效果

9.4.2 制作方法

1. 导入并编辑素材

新建一个文件,将其命名为"展览会招贴设计",设置文件大小为730×1024,设置其"分辨率"

为72像素，在"模式"下拉列表中选择RGB颜色，设置完成后单击"确定"按钮结束设置，新建文件。

执行"文件"｜"打开"命令，在弹出的打开"对话框"中选择素材"瓶"，单击"打开"按钮将它导入，如图9-65所示。

图9-65 导入素材

将它拖入到新建文件中，在工具箱中单击 "魔术棒工具"按钮，在"选项栏"中设置它的"容差"选项的数值为20，选中黑色背景，单击Delete键将黑色背景删除，如图9-66所示。

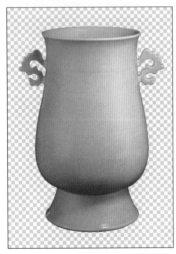

图9-66 删除黑色背景

执行"图像"｜"调整"｜"变化"命令，打开"变化"对话框，将瓶子变化为黄色调，如图9-67所示，变化后的效果如图9-68所示。

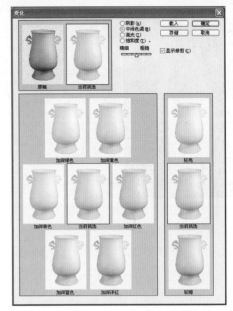

图9-67 应用"变化"命令改变色调

图9-68 应用"变化"命令后的效果

执行"图像"｜"调整"｜"曲线"命令，打开"曲线"对话框，调整如图9-69所示。接着执行"图像"｜"调整"｜"亮度/对比度"命令，打开"亮度/对比度"对话框，调整如图9-70所示。调整完的效果如图9-71所示。

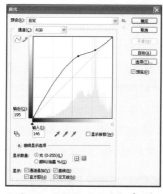

图9-69 应用"曲线"命令

图9-70 设置"亮度/对比度" 图9-71 设置"亮度/对
选项的数值 比度"选项后
的效果

2. 绘制背景

新建一层,将它放置在"图层"面板的最底层,在工具箱中单击▢"渐变填充"按钮,设置一个"深红色"到"土黄色"的渐变色,在"选项栏"中单击▢"线性渐变"按钮,填充完的效果如图9-72所示。

新建一层,结合"画笔工具"和"加深工具"制作出"瓶"的阴影效果,如图9-73所示。

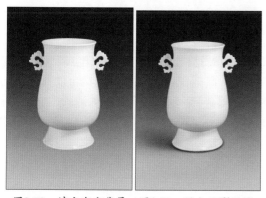

图9-72 填充渐变背景 图9-73 添加阴影效果

接下来将"前景色"设置为"白色",使用"画笔工具"绘制上高光效果,如图9-74所示。

图9-74 绘制上高光

3. 绘制背景

执行"文件"│"打开"命令,在弹出的打开"对话框"中选择素材"中国画",单击"打开"按钮将它导入,如图9-75所示。

图9-75 导入素材

选中除了花和叶以外的背景部分,单击Delete键将它们删除,如图9-76所示。

图9-76 将背景部分删除

执行"图像"|"调整"|"色相/饱和度"命令，打开"色相/饱和度"对话框，调整如图9-77所示。接着执行"滤镜"|"扭曲"|"球面化"命令，打开"球面化"对话框，调整如图9-78所示。执行"滤镜"|"模糊"|"高斯模糊"命令，打开"高斯模糊"对话框，调整如图9-79所示。调整完的效果如图9-80所示。

图9-77　导入素材

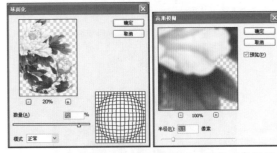

图9-78　设置"球面化"选项　图9-79　设置"高斯模糊"选项

图9-80　设置完成的效果

在"图层"面板中在按住Ctrl键的同时单击"瓶"所在的图层激活选区，执行"选择"|"反向"命令将选区翻转，选中"中国画"所在

的图层，按Delete键将不需要的部分删除，如图9-81所示。

执行"滤镜"|"模糊"|"高斯模糊"命令，打开"高斯模糊"对话框，调整模糊选项的数值为1。调整完的效果如图9-82所示。

结合"加深"、"减淡"和"海绵"工具来塑造"中国画"素材的立体效果，使其按照"瓶"的弧度来变化，效果如图9-83所示。

图9-81　删除不需要的部分　图9-82　设置"高斯模糊"选项

图9-83　使中国画按照瓶的弧度来变化

4.输入文本

在工具箱中单击 T 。"文本工具"按钮，在"字符"面板中设置"字体"为"方正黄草简体"，设置"文本大小"为500点，设置"颜色"为"砖红色"(R：87，G：1，B：1)，输入文本"瓷"，将"图层模式"设置为"正片叠底"，"不透明度"选项的数值为51%，效果如图9-84所示。

在工具箱中单击 T　"竖排文本工具"按

钮，在"字符"面板中设置"字体"为"方正华隶简体"，设置"文本大小"为24点，设置"颜色"为"砖红色"（R：87，G：1，B：1），输入一段竖排文本。设置"图层模式"为"排除"，效果如图9-85所示。

再添加上其他的标题文本和说明文字，如图9-86所示。

最后添加上展览会的标志，最终效果如图9-64所示。

图9-84　输入文本"瓷"　　图9-85　输入背景竖排文本

图9-86　添加标题文本

9.5　电影海报设计

9.5.1　实例分析与效果预览

每个人的心中都有一个不为人知的梦想，它深深地埋藏于内心深处。但是，这种在人们脑海中萌动的梦想境界能不能有一天成为现实呢？人们的生活和精神世界就是由这些懵懂，奋斗，希望，挫折谱写的乐章。本实例就是通过作品表现自己内心的执著与高远，展现一种朦胧而又平和的心理历程。电影海报效果如图9-87所示。

图9-87　最终效果

9.5.2　制作方法

1．制作背景

新建一个文件，将其命令名为"电影海报"，设置文件大小为724×1024，设置其"分辨率"为72像素，在"模式"下拉列表中选择RGB颜色，设置完成后单击"确定"按钮结束设置，新建文件。

执行"文件"｜"打开"命令，在弹出的打开"对话框"中选择素材"彩色背景"和"云纹背景"，单击"打开"按钮将它们导入，如图9-88所示。

将它们拖入到新建文件中，将"云纹背景"放置在"彩色背景"的上面，设置"云纹背景"的图层模式为"强光"模式，设置完成后的效果如图9-89所示。

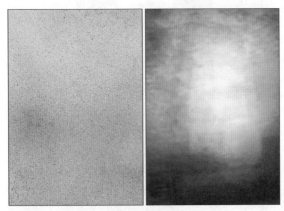

图9-88 导入素材

图9-89 更改图层模式后的效果

执行"文件"｜"打开"命令，在弹出的打开"对话框"中选择素材"电子背景"，单击"打开"按钮将它导入，如图9-90所示。将它拖入到新建文件中，放置在最上层，设置"电子背景"的图层模式为"柔光"模式，设置"不透明度"选项的数值为75%，设置完成后的效果如图9-91所示。

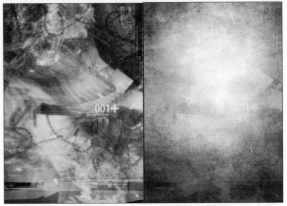

图9-90 导入素材　　图9-91 更改图层模式后的效果

执行"文件"｜"打开"命令，在弹出的打开"对话框"中选择素材"风筝"，单击"打开"按钮将它导入，如图9-92所示。将它拖入到新建文件中，放置在最上层，使用"橡皮擦"工具将不需要的背景部分擦除，擦除后如图9-93所示。将此图层的"图层模式"设置为"亮度"模式，设置"不透明度"选项的数值为65%，设置完成后的效果如图9-94所示。

将此图层复制一层，设置图层的"图层模式"设置为"饱和度"模式，使用"橡皮擦"工具，在"选项栏"中设置"流量"选项的数值为20%，将图片整体减弱一层，效果如图9-95所示。

图9-92 导入素材

图9-93 擦除背景

执行"文件"｜"打开"命令，在弹出的打开"对话框"中选择素材"云层"，单击"打开"按钮将它导入，如图9-96所示。将它拖入到新建文件中，放置在最上层，使用"橡皮擦"工具将不需要的背景部分擦除，将此图层的"图层模式"设置为"强光"模式，效果如图9-97所示。

图9-94 更改为"亮度"模式 图9-95 叠加"饱和度"图层

图9-96 导入素材 图9-97 导入素材并更改图层模式

2. 合成小屋

执行"文件"｜"打开"命令，在弹出的打开"对话框"中选择素材"房屋"，单击"打开"按钮将它导入，如图9-98所示。将它拖入到新建文件中，执行执行"图像"｜"调整"｜"色相/饱和度"命令，打开"色相/饱和度"对话框，调整房屋到如图9-99所示。然后将此图层的"图层模式"设置为"亮度"模式，效果如图9-100所示。

图9-98 导入素材

图9-99 调整"色相/饱和度"后的效果

图9-100 更改图层模式后的效果

3. 输入文本

在工具箱中单击 T "文本工具"按钮，在"字符"面板中设置如图9-101所示，输入文本"梦"，双击打开"图层样式"面板，选中"渐变叠加"和"描边"选项，设置如图9-102所示。设置完成的效果如图9-103所示。

图9-101　在"字符"面板中进行设置

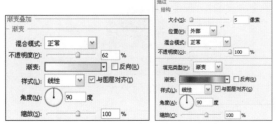

图9-102　设置图层样式

图9-103　设置图层样式后的效果

使用同样的方法输入其他的说明文本，并叠加颜色，如图9-104和图9-105所示。最终效果如图9-87所示。

图9-104　输入文本　　　图9-105　叠加颜色

第10章　网页设计

本章展现：

本章将学习有关于网页设计的基础知识以及运用Photoshop设计网页的技巧知识。

本章的主要内容如下：

- 网页设计基础和分类
- 爵士乐网页设计
- 皮影戏网页设计
- 剪纸网页设计
- fantacy网页设计
- 根雕网页设计

10.1 网页设计简叙及分类介绍

要设计网页之前，应该先对网页设计的要素有一个了解，只有了解了网页的基本知识，才可以更合理、更顺畅地完成网页设计。

10.1.1 网页设计基础

任何一种艺术设计都有它独特的制作方法，与此同时，这些各种各样的艺术设计又都有其相通的一面，网页设计当然也是如此。在现代这样一个网络时代里，网页设计已经被人们越来越多的认知和了解，当然要想成为一个优秀的网页设计师，不仅要有平面设计、平面构成原理、色彩构成原理、字体设计、排版原理等方面的知识以及丰富的想象力与创造力，而且还必须了解网络的特性、浏览器等常规软件的发展变化。在了解了有关原理与功能之后，下一步所要掌握的就是自己设计网页的独特方式与方法。在下面的内容中会向读者简单介绍网页设计的基本步骤。

1. 了解网页制作对象

在启动Photoshop制作之前，应该先明确网页制作的对象。了解做网页的目的是什么、针对的是哪一些人，是专门为青少年做的网站还是针对中年人制作的网站，主要是男性还是女性，这些问题都是很重要的，尤其是在开始阶段，如果对网页制作的对象情况掌握得越多，那么设计师在制作网站的时候会更有把握，更准确。

在这里举一个例子说明一下，如图10-1所示的网站是蜀商集团网页的网站。网站的主要用户定位是热爱茶文化的国内外朋友，重在宣传中国的茶文化和蜀商集团的企业文化，吸引更多的朋友前来品茶。综合考虑了这几个综合因素，所以网站在色彩上采用了中国的传统色调，以黄色调为主，给人以古香古色，历史悠久的感觉，再加上毛笔字的点缀，这些都给人以亲切和谐的感觉，这就是它成功的所在。同时，这个网站属于产品网站，它对产品的烘托也是很成功的。

图10-1 蜀商集团网页

2. 风格的定位

在了解了网页的对象之后，就应该对网页进行构思。新建页面就像一张白纸，没有任何表格，框架和约定俗成的东西，可以尽可能地发挥想象力，将想到的构思大体勾勒出来，这个阶段属于创造阶段，不用讲究细腻工整，不用考虑细节等方面，只用勾画出创意的轮廓即可。最好可以在这个阶段多出几套方案，然后选定一个自己满意的创意作为继续创作的方案。

如果是想让大多数浏览者都来看的情报提供型的网页的话，设计的普遍性、美观性，技术的广泛性、下载速度的快捷性等等，也就成为设计中重要的课题。还有一种情况是如果网页只是针对特定的一部分人的话，那自然可以不用过分地考虑那些影响想象力的问题，这时候应该把更多的精力放在对风格与个性的追求上，即便网页下载速度有所降低也不是最关键的问题，只要你的网页有足够的魅力，相信人们是会等待浏览的。

如图10-2所示的是一个食品网页，整个网页的色彩鲜艳，卡通化的设计风格独具一格。整个网页所出现的所有元素都与吃的东西相关，富于趣味性，这也是最吸引人的地方。每个细节都流露出公司食品的特点，并且营造出轻松的氛围。

图10-2　食品

3. 统一页面风格

统一页面风格来自于企业形象设计系统的设计原理。这个原理在网页设计中也同样适用。它是说，网页要求有标志的设计、网页标准色等的制定都应该有一个系统的规则。这个系统规则会加强网页的整体形象，以及页面与页面之间的统一性和整体感。简单地说，就是网站的页面与页面之间要有一些关联，不能让浏览者感觉像是到了其他的网站，这一点也是很重要的。

许多优秀的网页设计都有相对统一的设计风格。比如艾地菲尔品牌服装公司的网页，如图10-3所示。

虽然艾地菲尔品牌服装的网站本身内容很多，在色彩使用上也有很多变化，但读者在所有网页上始终可以看到艾地菲尔品牌的标志——酒红色和暗红色的底色，以及统一的版式布局。这样不但给读者留下了深刻的印象，还使网站整体形象得到了统一，这在设计时应该得到充分考虑。

图10-3　艾地菲尔品牌服装网站

图10-3　（续）

4. 图像制作

作为一个网页设计师，必不可少的工作就是图像的处理和制作，所以掌握图像制作的技巧是作为一个网页设计师的基础。但是由于存在网速等因素的关系，给网页制作图像带来了很多不便，简单地说，设计师要设计出有创意的作品来，难免会出现网页容量过大的问题，这是设计网页时最容易出现的问题，在这个时候，可以想办法通过别的方法来解决。

这就可以体现出网站设计是一门实用设计艺术。它既包含了平面设计中的设计法则，如文字排版、图片制作等，也包含网页制作的其他要素：三维立体设计，静态无声图文，动态有声影像等。

从事网站版面设计，必须首先从版面结构入手，从整体布局做起。而形成版式结构的基本条件，是正义、标题、图片质和量的关系，义体的变化，文字量的合理搭配，图片的恰当配备，其他特殊效果的位置等等。

现在的网站通常具有的内容是文字、图片、符号、动画、按钮等，其中文字占很大的比重，因为现在网络基本上还是以传送信息为主，而用文字还是非常有效率的一种方式，其次是图片，加入图片不但可以使页面更加的活跃，而且可以形象地说明问题。所以按照目前网页的设计，可以有针对性地对这些内容作一些调整，可以得出一些可以借鉴的东西。

下面来看看一些国外的网站，它们有很多都是有自己的性格，并且让人过目不忘，如图10-4所示的是一个主要突出文字的网页设计，如图10-5所示的是一个主要突出图像和色彩的网页设计，这两个网页设计风格迥异，但是它们个性鲜明，都给浏览者留下了深刻的印象。

图10-4　文字性页面

图10-5　图像、色彩性页面

10.1.2　网页分类概述

在本书中把一般的网页形式分为5个类别。它们分别是：抽象网页设计，主题网页，现代网页，产品网页，个人网页设计。不同类别的网页有不同的特点和具体的形式要求。下面就来分类介绍这几大类别的网页设计，希望从中大家能得到一些好的设计启示，设计出更多更优秀的网页。

1. 抽象网页设计

从现在看来，抽象艺术在当代艺术领域占据着重要的地位，它是领导潮流的先锋，因此网络上的抽象艺术的应用也随之越来越广泛。

抽象艺术在网页设计中的运用主要表现在颜色，图形，字体，排版等方面。在表现方法方面，注意形式要简练，不能过于复杂，误导读者的识别。从色彩上说，网页设计的抽象艺术有其独特的角度。首先整个网站的大框架结构要注意有联系，其中要特别注意色彩之间的呼应，色彩之间的和谐，色彩之间的对比，色彩之间的含义。在各个子页的设计上要注意抽象设计涵盖的意义，把主页和子页明显地区分开，在颜色的风格上就要注意统一和区分；以及在同一页上颜色的层次，分布，视觉的影响力和颜色的方向感。

从图形上来说，运用在网页设计方面的形象不能过于复杂，要简练含蓄地表达抽象艺术的真谛。查阅很多具有抽象艺术感的网站，大家不难发现设计师用来表达抽象艺术内涵的语言并不是那么的高深莫测；但是语言要素的概括能力却

是做得恰到好处。首先作为一个公共性的网站，在设计语言上应该做到简单。运用要素表达中心概念，这点在实际设计抽象风格网站的过程中是不能不考虑的重点。其实要素的运用怎么恰到好处需要设计师具有良好的艺术功底，艺术审美能力，高度概括语言的能力和丰富的设计经验。

从文字上来说，首先要有形式感，也就是视觉上的震撼力和感染力。文字的设计从形的基本比例的对比到各个不同图形位置的处理都需要小心处理，反复推敲；更加注意的是和整个网站风格的统一，颜色的协调，和图形位置的关系；文字与文字之间，文字与图形之间的比例关系，表达抽象艺术的丰富艺术内涵。

从排版上来说，主要是体现抽象设计的概括性和抽象性，给人以更多的抽象想象空间。在设计时具体从各个方面来衡量比重，要突出重心，语言丰富，但是要简练，符合抽象设计的思维方式。

总的说来抽象设计作为一个当今网站设计的主流方向，设计者在设计时既要把感觉做到位，又要突出鲜明的主题个性；但是更重要的是要做到即要耐人寻味又要通俗易懂。在具体设计的过程中只有通过不断地积累经验和培养艺术审美能力，从网站的主要功能出发做设计，用好每一个设计语言，设计出越来越多的精彩作品。

下面介绍几个比较有特色的具有抽象艺术的网站设计。

http://www.kioskstudio.net/，这个网站是一个插画网站。该网站主页的手绘风格突出，整体设计简洁明快，图形和色彩都别具匠心。色彩的运用主要是以沉稳的色调为基础，用了大量的赭石、深红和一些高级灰，突出网站的独特和前卫。图形的设计主要是运用手绘插画人物形象和色彩搭配营造艺术感觉。如图10-6所示。

图10-6　http://www.kioskstudio.net/网页效果

http://leoburnett.ca/FLASH，这个网站的整体设计风格就是简洁大方，艺术风格性强，和年轻人的前卫抽象艺术有很大的关联，给人耳目一新的感觉。使阅览者在视觉上首先为之吸引，如图10-7所示。

图10-7　http://leoburnett.ca/FLASH/网页效果

2. 主题网页设计

主题网页的设计主要是以突出主题为主，从整个网站的构造开始，颜色、图形、语言的运用都是围绕表达主题为中心的。这就要求设计师从网站要表达的主题内容出发，以主题为设计中心来表达网页的主要思想内容。

首先，作为一个主题性的网站设计，它对所涵盖的信息量是有一定的要求的，不但要求主题设计思想内容的精确，而且还要形式丰富，能为浏览者提供足够的信息。其次，这类的网站设计在整个网站的分类规划上要有条有序，强调重点。

这样的设计要求设计师从整个网站的规划到整个艺术风格的把握下手，抓住"主题"这个中心词汇，通过不同的信息的特征来归类信息。子页的设计形式上一般是在主页的大感觉下，把握好细小分支的特征，在信息的获取上要把形象特征把握到位，注意细节的处理。

http://www.m-ms.co.kr/main.asp，这是美国M豆公司的网站。在设计上主要是以突出主题为主，注重图形设计和颜色设计来传递公司的风格特征。从下面的主页设计中不难看出设计师对糖豆风格网站的细节把握：时尚，活泼，大胆，前卫，整个画面充满跳跃感，如图10-8、图10-9和图10-10所示。

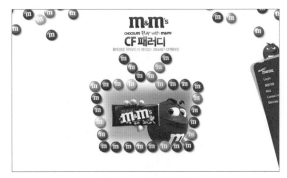

图10-8　网页效果

图10-9　网页效果

图10-10　网页效果

3. 现代网页设计

进入21世纪以后信息高度发展，随着数字科技的发展，数码这个时尚的名词已经是新世纪的代言词。可以说21世纪就是数字的时代，所以数码设计为主流的设计流派风格就成了现代设计的统称。

这类风格的网站的设计，科幻、怪诞、神秘、年轻，是e时代年轻人最喜欢风靡的一种设计风格。它注重视觉享受，每个页面都是经过精心设计和制作。

理念和图像带给浏览者的视觉冲击力首先在这类网站的设计中占有首要地位。设计师从独特的视角出发，把握设计理念，来营造不同感觉的数字网页。所以时尚这个词在这类网站中显得尤为重要。下面来看一个数字时代设计的先锋典范。

http://www.the-eclectica.com，该网站对视觉效果的大胆探索，让人们记忆深刻，也是人们对这个网站的总体印象。这让人们充分体会到了图像所具有的巨大魅力，设计师对网速的因素不是很在意，他把理念放在了第一位，重视的是属于完全不同类型的视觉冲击，这也是网站独具匠心之处，如图10-11和图10-12所示。在光怪琉璃的图形设计中，读者有没有体会到数字生活对人们的生活正带来不同凡响的影响呢？

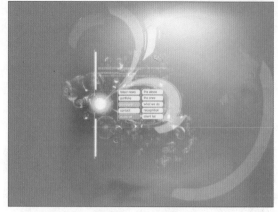

图10-11　网页效果

图10-12　网页效果

下面这个网页的设计在图像方面的吸引力是现代网页设计的经典代表。深蓝的倒影上映着不同方向的数字和公式，有没有使浏览者联想到恐怖科幻电影呢？这正是设计师想要给浏览者带来的独特的视觉触角。在此网站的大部分页面里，也许浏览者不清楚单击哪里可以到什么地方，但是正是这种神秘性使人们可以体会到试验与探索的乐趣，如图10-13所示。

图10-13　网页效果

在因特网的世界里，这种表现主义作品的探索精神使得因特网世界更丰富多彩，它们科幻，联想丰富，神秘，回味无穷，如图10-14和图10-15所示。

图10-14　网页效果

图10-15　网页效果

这个网站可以给用户很多灵感，它总是能给人们一种新鲜的感觉。整个网站没有过多的文字说明，因为图像设计本身就是一种无国籍的语言。在这里观赏作品，会让浏览者渐渐忘记了时间的流逝。

4. 产品网页设计

产品网页设计是商业网站的分支。这类网站主要是在网上宣传产品，让人们了解足够的产品信息，而达到宣传和销售的目的。所以这类的网站有一定的功能要求和商业目的。设计师在设计这类型的网站时，一般从产品的性能和该企业的企业宣传形象出发，设计适合该产品风格的网站。

在具体的设计过程中，导航的网站系统比较重要。作为一个宣传性的商业网站首先要通俗易懂，这样客户才不至于在网站中迷失。所以好的设计意念在这类型的网站设计中显得尤其重要。然后是该产品的品牌定位，这需要设计师和企业良好的沟通，为企业产品的形象设计宣传做好基础。其次是产品的信息的设计风格。在具体的设计中，设计师应该遵从消费该产品层次大众的审美眼光，然后定位设计风格。

从图形上来说，这类型的网站当然是以主要产品的实物图片为主，因为网站的目的就是要宣传和销售该产品，所以产品的形象在网站中占有主导地位。当然，过于程式化的设计不会吸引消费者的目光，这就要求怎样把产品的形象和别的具象的或抽象的形体更加完美的结合，达到一个最高的平衡点。如下面要介绍的耐克网站。就是一个很好的例子，该网站设计的成功之处在于把运动产品和具有朝气和生命力的流线型结合，使该产品的形象更加具有现代感。

从颜色上来说，主要是要考虑浏览者的视觉感受，和产品的风格相结合。把握整体的色调感觉，营造该产品的视觉风格。

耐克是一个大家熟悉的不能再熟悉的品牌，它是永远那么充满活力，"为从事体育运动事业的人们提供最优秀的体育用品"是耐克公司一贯的主张和宣言。当打开它的网站http://www.nike.com的时候，确实被它充满着魅力的页面所感动，鲜亮的颜色衬托出耐克的朝气蓬勃，网站的导航也清晰明了，给产品营造出一种运动，时尚，冲击的感染力。还没等浏览者回过神来，它已经把浏览者轻轻松松带到运动的世界，如图10-16所示。

图10-16　网页效果

虽然这个网站本身带有很强的商业性，但是却丝毫没有影响它在设计风格上的极力追求，所以可以从它身上体会到商业性和艺术性的完美结合。

耐克的网站还有一个特点，那就是网页设计运用很直率的表现方法，把大幅的运动鞋的图片或者明星的图片运用在整个背景图像里，这样做在视觉上会给观看的人以很大的冲击，这也不失为一个吸引人们视线的好方法，如图10-17所示。

图10-17　网页效果

在色彩上，耐克的网站设计的也很成功，明快的色调也容易让人产生亲切感。同时，还可以看出，设计师对整个网站的形象设计以及产品的介绍都有着极为精到的考虑。虽然这个网站的信息并不是很多，但是它的每一样设计都让人折服。像它这样的窗体设计虽然已经被广泛的应用，但是每一个窗体都有不同的意义，它随着内容的变化，在色彩和图像设计上都发生了变化，这样网站既得到了统一，又有局部的变化，达到了丰富的画面效果，它给我们带来了一种全新的感受，如图10-18所示。

图10-18　网页效果

另外，网站中大量的新产品信息，商场介绍，企业情报等各项目的平衡关系处理得极为出色。同时，它还是一个以照片为主的网站，但是从整体看，它并没有被摄影作品所束缚，大胆的构图，灰调处理等等，使得整个页面浑然一体。它的确是那种让所有人都会产生好感的网页代表，它的整体构图以及整体视觉效果都是可以学习的地方。网站的设计不仅使页面的结构非常单纯，而且使操作也变得极为简便，这是网页设计中一种常见的风格。它的成功经验给我们带来很多好的启示。

5. 个人网页设计

随着互联网的飞速发展，越来越多的个人网页出现在因特网的世界。在个人网页中主要是以介绍个人的生活世界，兴趣爱好，特长为主的个性化网页，目的是更多更好地交流文化语言。它们以宣传个人行为思想为主宰中心，从自我的个性化出发，介绍自己。在信息高度发展的今天，这无疑是一个省事、快速的方法，所以它备受广大年轻网虫的欢迎。

在这里，能找到各种各样不同风格，不同类别的个性化个人网站。它们带领浏览者进入网站主人的思想世界，和主人畅谈喜欢的话题，交流信息。相信只要有耐心，通过IE浏览器就能发现很多意想不到的惊喜，毕竟这个世界是多姿多彩，个性化的世界不是吗？

所谓个人网页无疑是个性化突出的个人世界。它的风格也是跟网站主人有密切关系的。所以不同的文化修养、艺术修养和不同的生活态度成了这种个人网页吸引人的地方。看看一些好的个人网页设计，了解不同的设计语言，就会有更多意外的收获。下面来看看这个笔者认为还比较不错的个人网页设计。

http://www.karina-assad.com.ar，这是一个舞蹈家的网站，在这里面可以看到关于她的很多信息，她的个人生平，图片和一些相关信息。此网站色彩具有华贵感，网页中的装饰花草的曲线充满流动感，体现出主人所从事的工作是一种高贵典雅并充满动感的工作，网站主题非常鲜明，如图10-19所示。

图10-19　网页效果

这是一个结构简单的网站，没有过多的图像，没有过多的文字，也没有过多的华丽的演示，以几张图片和钢笔、眼镜等元素告诉访问者他的职业，无论浏览者来自哪个国家，哪个地区，浏览者可以不懂得韩语，但是设计是一种世界化的语言，它可以打破国家的界限，看到网站上这些简简单单的元素，相信已经可以向浏览者

说明一切。网站效果如图10-20所示。

图10-20　网页效果

以上的网站均代表着当今世界高水准的网页设计水平，这些网站不论是视觉上还是审美上都给人们带来了强烈的冲击，尽管这些作品内容、设计方向、和制作手法各有不同，但是我们都感受到了设计师们创作的能力，也为我们做出了榜样。欣赏这些好的作品是学习设计的最好，最直接的方法。希望大家也能设计出经典之作。

10.2　爵士乐网页设计

10.2.1　实例分析与效果预览

主页在访问网站的时候起到非常重要的作用，它传递给浏览者关于该网站的整体风格以及内容的概括性信息。所以设计者在创作主页的时候需要反复斟酌。如果主页面的设计风格与网页内容不一致，或者由于文件过大而花费浏览者过多的浏览时间的话，都不能称之为好的主页面作品。本实例以爵士乐站点为例子，向用户展示了特色网站页面的设计技巧与风格定位的方法。网页效果如图10-21所示。

图10-21　最终效果预览

10.2.2　制作步骤

1. 制作背景

新建一个文件，将其命名为"爵士乐网页"。设置尺寸为640×480像素，分辨率300像素/英寸，

RGB模式。单击"确定"按钮保存设置。

在"图层"面板中单击 ▣ "创建新图层"按钮新建一层，然后按住Ctrl+A组合键将其全部选中。执行"编辑"｜"描边"命令，打开"描边"对话框，设置"宽度"选项的数值为5，设置"描边颜色"为"白色"，单击"确定"按钮保存设置，如图10-22所示。

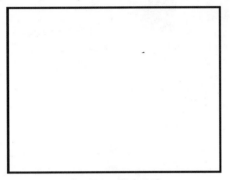

图10-22　描边效果

新建一层放置于边框层的下面，在工具箱中单击"画笔工具"按钮，单击"选项栏"的"画笔"下拉列表，在展开的快捷菜单中选择"音符"选项，如图10-23所示。选择其中的138号画笔绘制上琴键，效果如图10-24所示。

图10-23　"音符"画笔面板

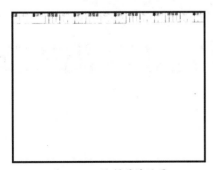

图10-24　绘制琴键效果

再次在"选项栏"中单击"画笔"按钮，在展开的"下拉列表"中选择"破旧图案纹理"画笔组，分别选中其中的46和128号笔触，然后绘制上边角的划痕效果，如图10-25所示。

图10-25　添加上边角效果

执行"文件"｜"打开"命令，打开"打开"对话框，选中素材文件"底纹.jpg"，然后将它拖入到新建的"爵士乐网页"文件中，如图10-26所示。

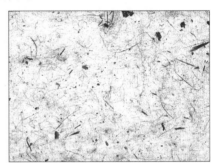

图10-26　添加背景

将其拖入到"图层"面板中，放置倒数第二层，设置其"图层模式"为"柔光"模式，设置其"不透明度"选项的数值为75。将此层复制一层，更改"图层模式"为"正片叠底"，并且将中间的一部分擦除，为后面的设计做准备，效果如图10-27所示。

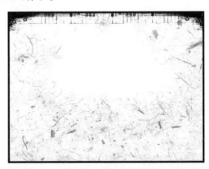

图10-27　设置"图层模式"后的效果

2. 制作主题背景

新建一层，将其放置在边框层的下面，并且填充一个黑色的渐变色。接着执行"文件"｜"打开"命令，打开"打开"对话框，选中素材文件"花纹.jpg"，然后将它拖入到新建的文件中，放置在底纹层的下面，设置其"图层模式"为"变亮"模式，效果如图10-28所示。

图10-28 导入素材并设置

接着导入素材"爵士乐人物.jpg"，将其拖入到"图层"面板中并将它放置在"花纹"层的下面，然后调整它的大小比例。然后执行"图像"｜"调整"｜"色相/饱和度"命令，打开"色相/饱和度"对话框，将此图片调整为黄色调的。

然后将其制作多个副本，根据"花纹"层的形状来调整它们的大小比例，并且使用"橡皮擦工具"来擦除不需要的部分，效果如图10-29所示。

图10-29 导入并编辑图片素材

继续导入素材"剪影人物.jpg"，将其拖入到"图层"面板中，调整它的大小比例，并制作两个副本，将它们连接起来，效果如图10-30所示。

图10-30 导入素材"人物剪影"并调整

3. 绘制主题元素

新建一层，填充上白色。然后选中"画笔工具"，在"选项栏"中单击"画笔"下拉列表，在弹出的快捷菜单中选择"痕迹"选项，将前景色设置为"红色"，绘制上喷溅效果，设置"图层模式"为"正片叠底"模式，效果如图10-31所示。

图10-31 绘制喷溅效果

新建一层，结合"钢笔工具"和"渐变填充"工具制作出彩带，如图10-32所示。双击图层打开"图层样式"对话框，选中"投影"和"颜色叠加"选项，设置数值如图10-33所示。单击"确定"按钮保存设置。设置完成后的效果如图10-34所示。

图10-32 绘制彩带效果

图10-33 设置"图层样式"

图10-34 绘制彩带效果

导入"素材"图片"花纹装饰2.jpg"，然后将其拖入到文件中放置在彩带图层的下面，设置其"图层模式"为"正片叠底"，效果如图10-35所示。

图10-35 导入素材并编辑

在工具箱中单击 T "文本工具"按钮，在"字符"面板中设置各项数值如图10-36所示，然后输入文本JAZZ，如图10-37所示。

图10-36 在"字符"面板中进行设置

图10-37 输入文本

在"选项栏"中单击 变形文本"按钮，打开"变形文本"对话框，设置各项数值如图10-38所示。设置完的效果如图10-39所示。

图10-38 设置变形文本

图10-39 变形文本效果

双击图层打开"图层样式"面板，选中"投影"、"外发光"、"斜面和浮雕"、"渐变叠加"、"图案叠加"和"描边"选项，设置各项数值如图10-40所示，单击"确定"按钮保存设置。设置完成后的效果如图10-41所示。

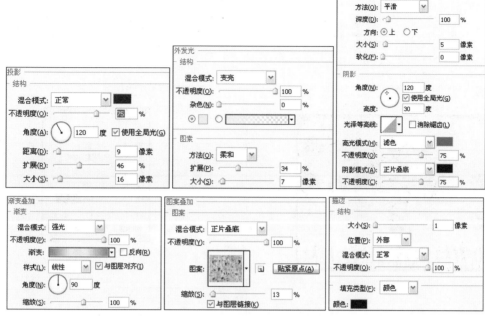

图10-40 设置"图层样式"的数值

图10-41 设置完图层样式后的效果

4. 绘制热区元素

新建一层放置于顶部,选中"画笔工具",在"选项栏"中单击"画笔"下拉列表,在弹出的快捷菜单中选择"环形组合图"选项,选中221号画笔,将前景色设置为"黑色",绘制上基本图形效果,如图10-42所示。将其复制一层,并调整其大小为原来的110%,并整体填充黄色,效果如图10-43所示。

图10-42 绘制基本图形

按Ctrl+E快捷键将两个图层合并,并调整其到合适的大小,再使用"画笔工具"绘制上喷溅效果,然后双击打开"图层样式"对话框,选中"斜面和浮雕"选项,设置各项数值如图10-44所示。设置完成后,将它制作3个副本,排列如图10-45所示。

图10-43 制作副本并填充颜色

图10-44　设置"图层样式"的数值

图10-45　制作完热区的基本元素的效果

接下来导入一位自己喜爱的爵士乐手的图片，并将它裁切成符合热区形状的正圆形，然后制作3个副本，依次放置在每一个热区上，如图10-46所示。

图10-46　导入素材图片并裁切

最后就是要输入文本了，在工具箱中单击 T "文本工具"按钮，在"字符"面板中设置各项数值如图10-47所示，然后输入文本history。双击图层打开"图层样式"对话框，选中"外发光"、"渐变叠加"和"描边"选项，设置数值如图10-48所示。

最终效果如图10-21所示。

图10-47　"字符"面板

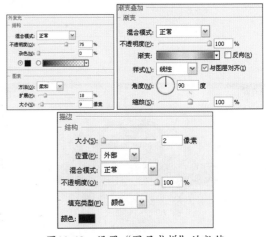

图10-48　设置"图层式样"的数值

10.3　皮影戏网页设计

民间艺术是民间精神、观念、情感、意识的体现，它是一种"母性"艺术，是民族文化的根之所在；它贯穿于物质生产过程之中，并常以物质产品的形式出现。它孕育了文化的主流又在其演进的过程中不断地给予滋补，使之健壮地成长发达。

10.3.1　实例分析与效果预览

由于皮影戏的形象多源于我国的民间传说，是人们用皮影这种艺术形式来塑造艺术形象，表现美好祈愿的艺术手法。所以在制作的皮影戏网页设计中，就采用了大量的皮影形象直接来展示皮影戏的特点技巧。网页效果如图10-49所示。

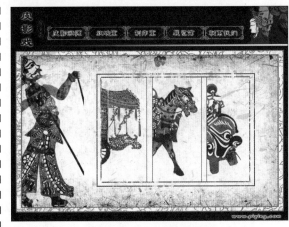

图10-49 最终效果预览

10.3.2 制作步骤

1. 制作背景

执行"文件"|"新建"菜单命令(快捷键Ctrl+N)，弹出"新建"对话框。在此设置宽度为640，高度为480，在模式下拉列表中选择RGB颜色，设置文件名称为"皮影戏网页设计"，设置完成后单击"确定"按钮结束设置，新建文件。

单击图层面板底部的 "创建新的图层"按钮，使用"油漆桶"工具将其填充为"黑色"。执行"文件"|"打开"菜单命令，打开"打开"对话框，选中文件"背景.jpg"和"背景2.jpg"，将它们导入。

首先将"背景.jpg"拖入到文件中置于黑色填充层的上面，调整它到合适的位置和比例，如图10-50所示。将其制作一个副本，在按住Ctrl键的同时单击图层激活选区。执行"滤镜"|"模糊"|"高斯模糊"命令，打开"高斯模糊"对话框，设置模糊半径为5，单击"确定"按钮保存设置，效果如图10-51所示。

图10-50 导入素材图片

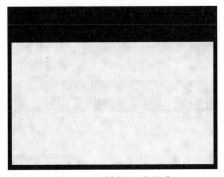

图10-51 模糊后的效果

接着导入素材图片"背景2.jpg"，将它拖入文件中并放置在最顶层，设置其"图层模式"为"柔光"模式，调整它与其他的素材对齐，效果如图10-52所示。

导入素材"背景2.jpg"，将它拖入文件中并放置在最顶层，设置其"图层模式"为"正片叠底"模式，调整它与其他的素材对齐，然后选中"橡皮擦工具"，在"选项栏"中设置其"不透明度"选项的数值为30%，将其效果擦淡。擦除后的效果如图10-53所示。

图10-52　导入素材并设置柔光模式

图10-53　导入素材并设置正片叠底模式

接下来绘制边框，新建一层，使用"矩形选框"工具绘制出边框，执行"编辑"｜"描边"命令，打开"描边"对话框，设置"宽度"选项的数值为3，设置填充色为"棕色"(R：93，G：53，B：38)，效果如图10-54所示。

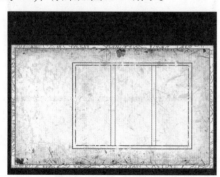

图10-54　绘制边框后的效果

2. 编辑制作主体元素

导入素材图片"皮影1.jpg"，将它拖入文件中并放置在最顶层，设置其"图层模式"为"正片叠底"模式，并且执行"图像"｜"调整"｜"色相/饱和度"命令，打开"色相/饱和度"对话框，调整它的色调，调整完成后效果如图10-55所示。

图10-55　导入素材"皮影1"并设置图层模式

使用同样的方法导入素材"皮影2.jpg"、"皮影3.jpg"和"皮影4.jpg"，同样调整它们的大小比例和色调，调整完的效果如图10-56所示。

接着在工具箱中单击"矩形选框"工具按钮，新建一层，绘制一个扁的矩形条，填充一个"黑色"到"黄色"的渐变效果，然后导入素材"皮影5.jpg"，调整它的大小比例和色调，并且制作一个副本放置于下面，设置副本的"不透明度"选项的数值为57%，效果如图10-57所示。

图10-56　导入其他素材并编辑

图10-57　导入素材"皮影1"并设置图层模式

3. 编辑制作热区

首先绘制热区边框，在工具箱中单击"画笔工具"按钮，在"选项栏"的"画笔"下拉列表中选择"小边框"选项，在"小边框"菜单中选择90号画笔，绘制上热区的边框，如图10-58所示。

然后再次导入素材"背景2.jpg"，并放置在顶层，然后按住Alt键的同时在两个图层中间单击鼠标，使其以下面一层为蒙版，效果如图10-59所示。

图10-58　绘制热区的边框

图10-59　导入素材"皮影1"并设置图层模式

4. 制作热区文本

在工具箱中单击 IT "竖排文本工具"按钮，然后在"字符"面板中设置各项数值如图10-60所示。然后输入文本"皮影戏"，摆放如图10-61所示。

图10-60　在"字符"面板中进行设置

图10-61　输入文本后的效果

双击此图层打开"图层样式"对话框，选中"外发光"和"颜色叠加"选项，设置它们的数值如图10-62所示。效果如图10-63所示。

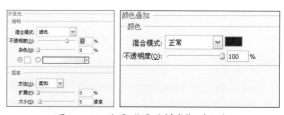

图10-62　设置"图层样式"对话框

图10-63　设置"图层样式"后的效果

在工具箱中单击 T "文本工具"按钮，然后在"字符"面板中设置各项数值如图10-64所示。然后输入文本"皮影溯源"，双击此图层打开"图层样式"面板，选择"外发光"选项，设置数值如图10-65所示。此时效果如图10-65所示。

图10-64 设置字体 图10-65 设置"图层样式"
后的效果

图10-66 输入文本并设置文本样式

然后使用相同的方法输入其他的文本，并进

行设置，如图10-67所示。

最后添加上其他的装饰效果，最终效果如图
10-49所示。

图10-67 输入其他文本的效果

10.4 剪纸网页设计

10.4.1 实例分析与效果预览

剪纸是我国民间工艺的一朵奇葩。整个网站
注重中国传统元素的使用，以厚重的大红色为网
站基调，配以传统的宝相纹为网站底纹。此外，
在导航和热区的装饰上也大量地采用了中国古代
纹理。整个网站主题鲜明，色调统一，效果如图
10-68所示。

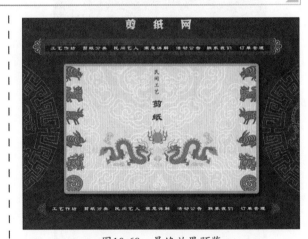

图10-68 最终效果预览

10.4.2 制作步骤

1.制作背景第一部分

执行"文件"|"新建"菜单命令(快捷键Ctrl+N)，弹出"新建"对话框。在此设置宽度为640，高
度为480，设置"分辨率"选项的数值为300像素，在模式下拉列表中选择RGB颜色，设置文件名称为
"剪纸网页设计"，设置完成后单击"确定"按钮结束设置，新建文件。

在"图层"面板中单击[图]"新建组"按钮，新建一个组，设置其名称为"背景1"，然后单击图

层面板底部的 ⬚ "创建新的图层"按钮，使用
"油漆桶"工具将其填充为"红棕色"(R：107，
G：13，B：16)，效果如图10-69所示。

新建一层，然后在工具箱中单击 ✎ "画笔工
具"按钮，在"选项栏"的"画笔"下拉列表中
选择LONG选项，然后选中334号画笔，设置"前
景色"为"暗红色"(R：151，G：26，B：22)，
绘制上传统底纹，如图10-70所示。

图10-69　新建层并填充颜色

图10-70　绘制上传统底纹

接着新建一层，在"画笔"下拉列表中选
择LONG选项中的336号画笔，设置"前景色"为
"土黄色"(R：140，G：97，B：7)，绘制上传
统底纹，如图10-71所示。

图10-71　新建层并填充颜色

2. 制作背景第二部分

在"图层"面板中单击 ⬚ "新建组"按
钮，新建一个组，设置其名称为"背景2"，新建
一层，将"前景色"设置为"土黄色"(R：249，
G：215，B：149)，然后使用"矩形工具"绘制
一个矩形放置在中间，如图10-72所示。

图10-72　绘制矩形框

双击此图层，打开"图层样式"对话框，选
中"投影"、"图案叠加"和"描边"选项，设
置其数值如图10-73所示。设置完成的效果如图
10-74所示。

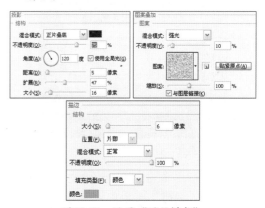

图10-73　设置"图层样式"

图10-74　添加图层样式后的效果

在按住Ctrl键的同时单击矩形层激活选区，接着新建一层，将"前景色"设置为"白色"。在工具箱中单击 "画笔工具"按钮，在"选项栏"的"画笔"下拉列表中选择LONG选项，然后选中331号画笔，绘制上传统底纹，如图10-75所示。

图10-75　绘制底纹

执行"文件"｜"打开"命令，打开"打开"对话框，选中素材"剪纸.jpg"，将其导入。然后使用"剪切"和"粘贴"命令将它们组合到一起，效果如图10-76所示。

图10-76　导入素材并组合

在工具箱中单击 [T]"竖排文本工具"按钮，然后在"字符"面板中设置各项数值如图10-77所示。然后输入文本"民间工艺"，如图10-78所示。

图10-77　"字符"面板

图10-78　输入文本

再次单击 [T]"竖排文本工具"按钮，在"字符"面板中设置各项数值如图10-79所示。然后输入文本"剪纸"，如图10-80所示。

图10-79　"字符"面板

图10-80　输入文本后的效果

执行"文件"｜"打开"命令，打开"打开"对话框，选中素材"龙纹.jpg"，将其导入，如图10-81所示。使用"魔术棒"工具将不需要的部分删除，并执行"图像"｜"调整"｜"色相/饱和度"命令，在"色相/饱和度"对话框中调整色调，效果如图10-82所示。

图10-81 导入图片

图10-82 调整素材的色相

在"图层"面板中设置此层的图层模式为"亮度"模式，效果如图10-83所示。

图10-83 更改图层模式后的效果

3. 制作网页主体热区

在"图层"面板中单击 □ "新建组"按钮，新建一个组，设置其名称为"主题"，新建一层，将"前景色"设置为"暗红色"（R：115，G：27，B：27），在工具箱中单击 ✐ "画笔工具"按钮，在"选项栏"的"画笔"下拉列表中选择"复位"选项，然后选中23号画笔，绘制上如图10-84所示的底纹。

图10-84 绘制上底纹

新建一层，在"选项栏"的"画笔"下拉列表中选择"四方花纹"选项，绘制上如图10-85所示的底纹。

图10-85 绘制上底纹

使用相同的方法逐步绘制上各种花纹元素，如图10-86、图10-87和图10-88所示。

图10-86 依次绘制上底纹

图10-87 依次绘制上底纹

图10-88 依次绘制上底纹

在工具箱中单击 T "文本工具"按钮，然后在"字符"面板中设置各项数值如图10-89所示。然后依次输入如图10-90所示的文本。

图10-89 "字符"面板

图10-90 输入文本后的效果

再次单击 T "文本工具"按钮，在"字符"面板中设置各项数值如图10-91所示。然后输入文本"剪纸网"，如图10-92所示。

图10-91 "字符"面板

图10-92 输入文本后的效果

最后添加上其他的必要元素，最终效果如图10-68所示。

10.5 fantacy网页设计

10.5.1 实例分析与效果预览

人们将现在和即将到来的世界称之为数字革命时代，数字革命正悄然到来。数字时代中设计的重要性正在越来越受到重视，实际上，设计的目的是多样的，有为了提高企业的利润而做的设计，有悦人视觉而作的设计，有服务于人的生活的设计，还有纯商业化的设计等。设计实际上是面对未来而不断探索的人类的一个又一个的实验，设计也表达了人类对未来的憧憬与遐想。网页效果如图10-93所示。

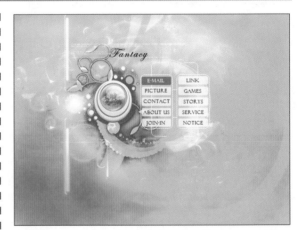

图10-93 最终效果预览

10.5.2 制作步骤

1. 制作背景

执行"文件" | "新建"菜单命令(快捷键Ctrl+N)，弹出"新建"对话框。在此设置宽度为640，高度为480，设置"分辨率"选项的数值为72像素，在模式下拉列表中选择RGB颜色，设置文件名称为"fantacy网页设计"，设置完成后单击"好"按钮结束设置，新建文件。

执行"文件" | "打开"命令，打开"打开"对话框，在其中选中素材文件"背景1"和"背景2"，然后单击"打开"按钮将它们打开，分别如图10-94和图10-95所示。

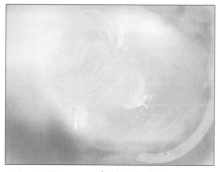

图10-94　素材"背景1"

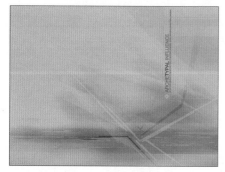

图10-95　素材"背景2"

将"背景1"和"背景2"都拖入到新建文件中，并将"背景2"放置在上面一层。选中"背景2"，执行"图像"｜"调整"｜"亮度/对比度"命令，打开"亮度/对比度"对话框，设置数值如图10-96所示。设置后的效果如图10-97所示。

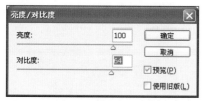

图10-96　设置"亮度/对比度"的数值

图10-97　设置后的效果

接着将素材"背景4"导入并拖动到新建文件中，放置在最上面的图层，如图10-98所示。

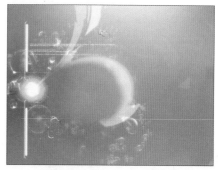

图10-98　导入素材"背景4"

然后执行"图像"｜"调整"｜"色相/饱和度"命令，打开"色相/饱和度"对话框，如图10-99所示。设置"饱和度"选项的数值为52，设置"亮度"选项的数值为11，单击"确定"按钮保存设置。效果如图10-100所示。

图10-99　设置"色相/饱和度"的数值

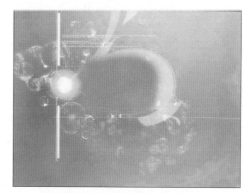

图10-100　设置完成的效果

设置此层的"图层模式"为"叠加"模式，设置完成的效果如图10-101所示。

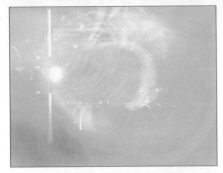

图10-101　设置"图层模式"后的效果

单击 ![] "新建组"按钮，新建一个文件夹，将它命名为"背景"，然后将前面制作的效果拖入到此文件夹中。

2. 制作主体元素

再单击 ![] "新建组"按钮，新建一个文件夹，将它命名为"主题元素"。在此文件夹中新建一层，在工具箱中单击 ![] "椭圆形工具"按钮，在按住Shift键的同时绘制一个圆形，然后选中 ![] "渐变工具"，在"选项栏"中单击 ![] "径向渐变按钮"，填充一个"白色"到"蓝色"(R：10，G：159，B：255)的渐变色，然后使用"画笔工具"将周围擦出渐变的白色反光，效果如图10-102所示。

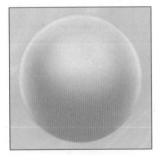

图10-102　填充颜色并设置反光

双击此图层打开"图层样式"对话框，选中"内阴影"、"内发光"和"渐变叠加"选项，设置各项数值如图10-103所示。

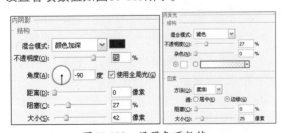

图10-103　设置各项数值

图10-103　（续）

设置后的效果如图10-104所示。

按住Ctrl键的同时在叠加图层样式的图层上单击鼠标左键，激活选区。新建一层，在工具箱中单击 ![] "画笔工具"按钮，将"前景色"设置为"白色"，然后在球体的两侧绘制上白色的边沿，如图10-105所示。然后设置"图层模式"为"柔光"模式，设置图层"不透明度"选项的数值为40%，设置完的效果如图10-106所示。

 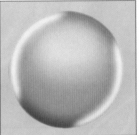

图10-104　设置图层样式　　图10-105　绘制反光效果
后的效果

图10-106　设置图层模式后的效果

保持选区不动，新建一层，使用画笔工具在球体左侧绘制上紫色反光区域，如图10-107所示。然后将此层的"不透明度"选项的数值设置为80%，效果如图10-108所示。

双击此图层打开"图层样式"面板，选中"图案叠加"选项，选择一个合适的图案，设置"混合模式"为"正片叠底"模式，效果如图10-109所示。

 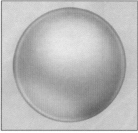

图10-107　绘制紫色反光　　图10-108　设置不透明度
后的效果

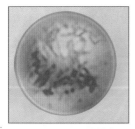

图10-109　设置正片叠底后的效果

新建一层，将"前景色"设置为"白色"，然后选中"画笔工具"，在"选项栏"中设置"不透明度"和"流量"选项的数值为30%，然后绘制上白色的反光效果，如图10-110所示。

导入素材"戒指.jpg"，将它拖入新建文件并放置在最上层，调整它的大小比例，然后设置它的"混合模式"为"叠加"，效果如图10-111所示。新建一层，使用同样的方法绘制上白色反光，如图10-112所示。

图10-110　绘制白色反光　　图10-111　设置叠加混合
模式后的效果

图10-112　绘制白色反光

新建一层，放置在"主题元素"文件夹的最底层，使用"椭圆形工具"制作出圆环的外边框，然后执行"滤镜"｜"渲染"｜"光照效果"命令，打开"光照效果"对话框，调整灯光到自己满意的效果，如图10-113所示。

图10-113　应用光照效果

双击图层打开"图层样式"对话框，选中"内发光"和"斜面和浮雕"选项，设置它们的数值如图10-114所示，设置完的效果如图10-115所示。然后将此层复制一层，并且将其大小调整到120%，效果如图10-116所示。

图10-114　设置图层样式的数值

图10-115　设置图层样式后的效果

图10-116 复制一层并调整大小比例

导入素材"背景3.jpg",将它放置在"主体元素"文件夹的最底层并调整它的大小,如图10-117所示。设置此层的"图层模式"为"颜色加深"模式,然后选中"橡皮擦"工具,在"选项栏"中设置"不透明度"和"流量"选项的数值为30%,将不需要的部分擦除,效果如图10-118所示。

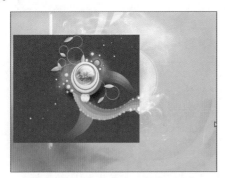

图10-117 导入素材"背景3.jpg"

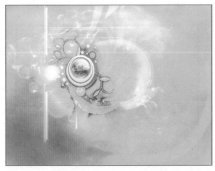

图10-118 设置图层模式并将不需要的部分擦除

将此层复制一层,并且放置在"颜色加深"图层的上面,设置它的图层模式为"叠加"模式,效果如图10-119所示。

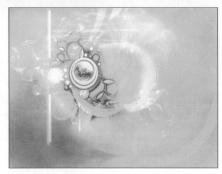

图10-119 设置"图层"为"叠加"模式

再制作两个图层副本,并且设置它们的图层模式为"颜色加深"模式,效果分别如图10-120和图10-121所示。

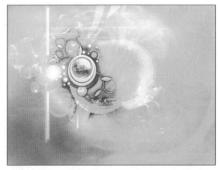

图10-120 设置图层为"颜色加深"模式

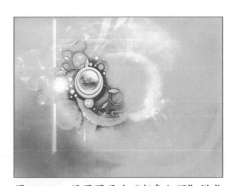

图10-121 设置图层为"颜色加深"模式

3. 制作文字

再单击 ▣ "新建组"按钮,新建一个文件夹,将它命名为"文字"。在此文件夹中新建一层,在工具箱中单击 ▣ "圆角矩形"按钮,在"选项栏"中设置"半径"选项的数值为10%,然后绘制一个圆角矩形。

切换到"路径"面板,单击 ◯ "将路径转换为选区"按钮将路径转换为选区,切换回"图层"面板,执行"编辑"|"描边"命令,打开

"描边"对话框，设置"宽度"选项为2像素，"颜色"选项为"白色"，单击"确定"按钮保存设置。使用同样的方法绘制另外两个圆角矩形框，然后使用"矩形选框"工具将不需要的部分框选，并删除，效果如图10-122所示。

图10-122　绘制矩形框

新建一层，同样使用"圆角矩形"工具绘制出文字的底框，将"前景色"设置为"白色"，在"选项栏"中将"不透明度"选项的数值设置为50%，然后填充颜色，效果如图10-123所示。

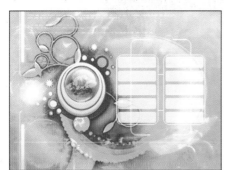

图10-123　绘制文字底框

新建一层，然后绘制处于选中状态的文字底框，设置其填充色为"深蓝色"(R：8，G：110，B：164)，如图10-124所示。

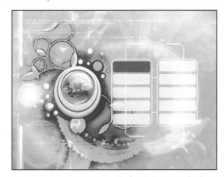

图10-124　绘制处于选中状态的文字底框

接下来输入文本，在工具箱中单击 T "文本工具"按钮，然后打开"字符"面板，设置各项数值如图10-125所示。然后输入相关文本，如图10-126所示。

最后输入网站主题文字，在"字符"面板中设置如图10-127所示，然后输入文本Fantacy，效果如图10-128所示。然后综合调整各项数值，最终效果如图10-93所示。

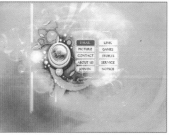

图10-125　在"字符"　　图10-126　输入文本
面板中进行设置

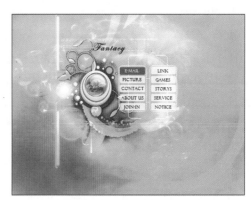

图10-127　在"字符"面板中进行设置

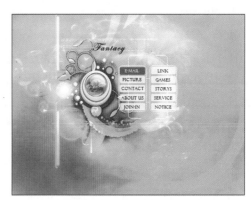

图10-128　输入主题文本

10.6 根雕网页设计

10.6.1 实例分析与效果预览

根雕艺术在中国的发展历史可谓是源远流长。早在远古时期，人们就已经会雕刻木像做装饰品。由于根雕要巧藉天然，虽经施艺但不留明显痕迹，所以网页设计的主题思想是要表现出自然美的"奇"与人工美的"巧"自然地结合起来的特色，实现创作设想。网页效果如图10-129所示。

图10-129　最终效果预览

10.6.2 制作步骤

1. 制作背景

执行"文件"｜"新建"菜单命令(快捷键Ctrl+N)，弹出"新建"对话框。设置宽度为720，高度为480，设置"分辨率"选项的数值为72像素，在模式下拉列表中选择RGB颜色，设置文件名称为"根雕网页设计"，设置完成后单击"好"按钮结束设置，新建文件。

新建一层，在工具箱中选择"画笔工具"，在"画笔"下拉列表中选择36号画笔，将"前景色"设置为"黑色"，在页面的顶部绘制出水墨晕染的效果，如图10-130所示。

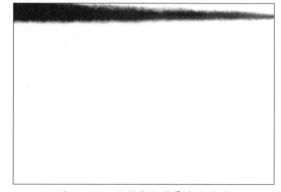

图10-130　绘制出水墨晕染的效果

然后执行"文件"｜"打开"命令，打开"打开"对话框，在其中选中素材文件"墨纹.jpg"，然后单击"打开"按钮将它打开，拖入到"图层"面板的最顶层，如图10-131所示。

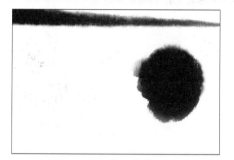

图10-131　导入素材图片

接着导入素材"墨纹2.jpg"、"墨纹3.jpg"和"墨纹4.jpg"，如图10-132所示。

(a) 导入素材图片 墨纹2

(b) 导入素材图片 墨纹3

(c) 导入素材图片墨纹4
图10-132　导入素材图片

然后依次将它们拖入到"图层"面板中，将它们的"图层模式"设置为"变暗"模式，并调整它们的大小比例和位置，然后选中"墨纹2.jpg"所在图层，执行"编辑"｜"变换"｜"旋转90度"命令，然后将此层的不透明度设置

为13%，设置完成的效果如图10-133所示。

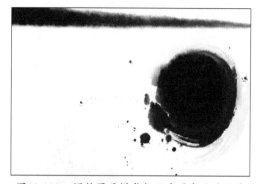

图10-133　调整图层模式与不透明度后的效果

在工具箱中选择"画笔工具"，在"画笔"下拉列表的扩展菜单中选择"痕迹"画笔组，选择其中的524号画笔，在"画笔"面板中选中"画笔笔尖形状"选项卡，设置画笔角度为180度，如图10-134所示。

新建一层，绘制上墨水喷溅的效果，如图10-135所示。

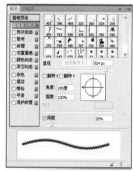

图10-134　"画笔"面板中设置画笔角度

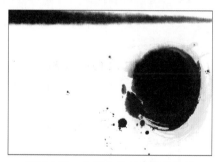

图10-135　绘制上墨水喷溅的效果

执行"文件"｜"打开"命令，打开"打开"对话框，在其中选中素材文件"背景.jpg"和"根雕.jpg"，然后单击"打开"按钮将它们打开，将"背景.jpg"拖入到"图层"面板的最底

层，如图10-136所示。

将"根雕.jpg"拖入到最顶层，调整它的大小与摆放位置，单击  "快速蒙版"按钮，使用"画笔工具"将墨韵部分的根雕进行遮盖，效果如图10-137所示。

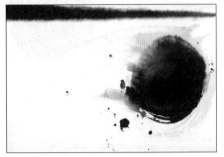

图10-136　导入背景图片

图10-137　导入根雕图片并编辑

2. 输入文本

在工具箱中单击 T "文本工具"按钮，然后打开"字符"面板，设置各项数值如图10-138所示。分别输入文本"根"和"雕"，双击"图层"打开"图层样式"对话框，选中"描边"选项，设置"大小"数值为2，设置"描边颜色"为"黑色"。效果如图10-139所示。

图10-138　在"字符"面板中进行设置

图10-139　输入文本

接着继续使用 T "文本工具"，在"字符"面板中设置各项数值如图10-140所示。分别输入文本"根雕追源"、"美学鉴赏"、"五湖四海"和"馆藏欣赏"作为热区，如图10-141所示。

图10-140　在"字符"面板中进行设置

图10-141　输入文本

在工具箱中单击"画笔工具"按钮，然后将"前景色"设置为"暗红色"(R：216，G：3，B：3)，绘制上热区的装饰花纹，如图10-142所示。

接下来输入根雕主页的说明文本并添加上印章、墨点等装饰，效果如图10-143所示。

图10-142 绘制上装饰花纹　　　　　图10-143 添加其他的元素

最后在左下角添加上网站的网址，效果如图10-129所示。

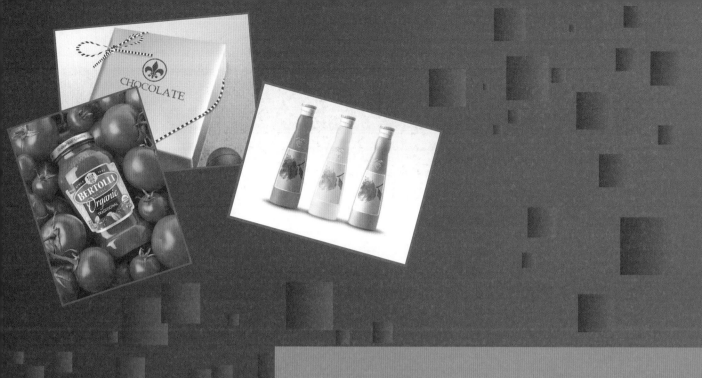

第11章　包装设计

本章展现：

本章将介绍包装的产生与发展过程，简述包装的分类以及运用Photoshop进行包装设计的技巧。

本章的主要内容如下：

- 包装设计基础和分类
- 茶叶包装设计
- 玫瑰香包装设计
- 饮料包装设计
- 巧克力包装设计

11.1 包装设计简叙及分类介绍

说到包装大家并不陌生，在人们日常生活中所接触的商品中都含有包装的成分。包装就是通常所说的包装装潢。

11.1.1 包装的产生与发展

自从人类社会产生以来，人类就懂得如何将物品盛装起来，并从生活中逐渐发现了一些适合包装的材料。人类在认识自然的过程中，获得了丰富的知识，大自然为人类提供了大量可赖以生存的物质。古代人就懂得制造陶器盛装物品，远古时代的包装，是人类为了生活的需要，为了保存生活资料，当然，包装的材料都是取之于自然。如：树叶、树皮、动物皮毛、果壳以及草编或竹编的绳子、筐等。后来陶器的诞生创造了人类包装史上光辉的一页，人类开始有目的地进行包装创作，造型更加美观，图案也更具有了装饰性。

在今天，包装已成为商品生产厂家和经销商一种最直接的竞销手段，优秀的产品包装能增加产品的货架竞销力。通过包装可以让人们知道商品的品牌，甚至它的形状、功能、特点等等，包装直接与消费者接触，好的包装甚至比品牌更能吸引人，同时也是消费者判断商品质量优劣的先决条件。所以，包装设计无论在图案、色彩，还是造型、材质上，都是需要巧妙构思的。

11.1.2 包装分类概述

产品的千变万化决定了包装必须是包罗万象、五花八门的，工艺品、纺织品、食品、轻工业品等不同形态、不同性质的商品需要不同的包装，还要根据商品将要进入的不同流通环境，来设计不同类别的、各种层次的包装。

1. 按包装形态及生产目的分类

1) 外包装：它以商品的性质不同，使用不同的材质，常用的有瓦楞纸、塑料框、化纤袋、铁桶等，电脑、电冰箱等的包装一般都用纸板。它以保证商品在存储、运输过程中的安全为主要目的，因此必须具有良好的抗冲击力、抗摔打能力和良好的防水性，有的商品还要有特殊的性能，如防静电性、防腐性、透气性等。外包装不需要过多的装潢，标明产品名、数量、规格、重量，以及注意事项即可，实用性较强。如图11-1所示。

2) 内包装：它是与商品直接接触的基本包装，也是直接与消费者接触的包装形体。如图11-2所示，在考虑到包装强度、防潮、防水性的

同时，还要注重其实用性和艺术性，内包装设计涉及到工程学、视觉传达、销售学、心理学、艺术感等多种范畴，包装装潢的美感也由内包装的视觉形象传达给人们，是包装设计中最关键的部分，也是本书主要介绍的部分。

图11-1 外包装

图11-2 内包装

2．按包装的耐压程度分类

1) 软包装："软"顾名思义，就是它的形状可以随意变化，如纸、绿波、玻璃纸、塑料薄膜等，商品取出后就丢弃了。软包装一般多用于食品包装，如糖果、饮料、果汁、饮料等，还有真空包装的腊肠、肉肠等。如图11-3所示。

2) 硬包装：硬包装是用金属材料对商品进行包装，如金属罐饮料、金属罐罐头等等。如图11-4所示。

图11-3 软包装

图11-4 硬包装

3) 半硬包装：在包装中，除了软包装和硬包装之外全属于半硬包装，它占的比例较大。这其中又有很多种分类，如按制造包装的材料分类，有木包装、纸包装、金属包装、塑料包装等；按包装的方法分类，有收缩包装、吸缩包装、真空包装、充气包装等；按包装的形式分类，有堆叠式包装、开窗式包装、可挂式包装、透明式包装等；从不同的角度划分还有很多种类，这里就不一一介绍了。如图11-5和图11-6所示。

图11-5 半硬包装

图11-6 半硬包装

11.2 茶叶包装设计

11.2.1 实例分析与效果预览

此包装设计中涉及了纸包装和软包装两种质感的包装设计。整个包装设计色调统一，颜色简洁，大方，并且透出了一种古色古香的韵味。软包装的茶叶袋设计加强了压光膜表面的纹理效果，更显精致。茶叶包装整体效果如图11-7所示。

图11-7 最终效果预览

11.2.2 制作步骤

1. 制作背景

新建一个文件，将其命名为"茶叶包装"。设置尺寸为640×480像素，分辨率为300像素/英寸，RGB模式。单击"确定"按钮保存设置。

在"图层"面板中单击 ▣"新建组"按钮，新建一个组，将其命名为"背景"。在此文件夹中新建一层，使用 ▢"矩形选框"工具框选出文件的上半部分，再使用 ▣"渐变工具"填充一个"深灰色"(R：61，G：41，B：41)到"浅灰色"(R：159，G：157，B：144)的线性渐变，效果如图11-8所示。

新建一层，使用 ▢"矩形选框"工具框选出文件的下半部分，再使用 ▣"渐变工具"填充一个"灰色"(R：105，G：105，B：94)到"深灰

色"(R：28，G：17，B：17)的线性渐变，效果如图11-9所示。

图11-8 填充上半部分的渐变色

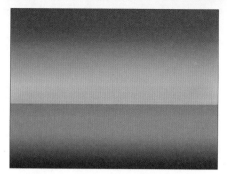

图11-9　填充下半部分的渐变色

2. 制作茶壶

在"图层"面板中单击 ▣ "新建组"按钮，新建一个组，将其命名为"茶壶"。在此文件夹中新建一层，使用 ✐ "钢笔工具"绘制出茶壶主体的轮廓，单击 ◯ "将路径转化为选区"按钮将路径转换为选区，为其填充"灰色"(R：125，G：125，B：125)，如图11-10所示。

配合 ✐ "减淡工具"和 ✐ "加深工具"来塑造茶壶，使其产生立体效果，如图11-11所示。

图11-10　绘制茶壶主体并填充颜色

图11-11　使用加深减淡工具制作立体效果

使用相同的方法绘制出茶壶的其他部分并塑造立体效果，如图11-12所示。

按住Ctrl键的同时选中茶壶的各个部分，单击鼠标右键，在弹出的菜单中选择"合并图层"

命令。接着执行"图像"｜"调整"｜"色相/饱和度"命令，打开"色相/饱和度"对话框，选中"着色"复选框，设置其他数值如图11-13所示。着色后的效果如图11-14所示。

图11-12　绘制出茶壶的其他部分并塑造立体效果

图11-13　设置"色相/饱和度"选项数值

图11-14　着色后的效果

接下来进一步调整茶壶的色调，在刚才的基础上使用 ◯ "海绵工具"为茶壶减色，然后执行"滤镜"｜"杂色"｜"添加杂色"命令，打开"添加杂色"对话框，选中"高斯分布"选项和"单色"选项，设置数量为2.5%。单击"确定"按钮保存设置。

然后按住Ctrl键的同时单击图层激活选区，新建一层，使用画笔工具轻轻地绘制反光效果，如图11-15所示。

图11-15　添加杂色并绘制反光效果

将茶壶放置在画面的右上方的位置，双击图层打开"图层样式"对话框，选中"投影"选项，设置数值如图11-16所示，设置完的效果如图11-17所示。

图11-16　设置图层样式的数值

图11-17　设置完图层样式的效果

在工具箱中单击 T "文本工具"按钮，在"字符"面板中设置数值如图11-18所示。然后输入文本"崂山茶"，如图11-19所示。

图11-18　在"字符"面板中进行设置

图11-19　输入文本"崂山茶"

双击打开"图层样式"对话框，选中"内阴影"和"渐变叠加"选项，设置各项数值如图11-20所示。设置完成的效果如图11-21所示。然后新建一层，将前景色设置为"白色"，使用"画笔工具"绘制上文字的反光效果，如图11-22所示。

图11-20　设置图层样式的数值

图11-21　设置图层样式后的效果

图11-22　绘制上反光效果

3. 制作纸盒包装

在"图层"面板中单击 □ "新建组"按

钮，新建一个组，将其命名为"纸盒包装"。执行"文件"｜"打开"命令，打开"打开"对话框，选中"素材1.jpg"和"素材2.jpg"，将它们导入并拖入到"纸盒包装"文件夹中。然后将它们拼合在一起，如图11-23所示。

按Ctrl+E快捷键合并图层，然后在工具箱中单击 "圆角矩形按钮"，在"选项栏"中设置"半径"选项的数值为10像素，沿素材边缘绘制一个矩形框，将其转换为选区，执行"选择"｜"反选"命令，单击Delete键将不需要的部分删除，效果如图11-24所示。

图11-23　设置图层样式后的效果

图11-24　制作圆角效果

按住Ctrl键的同时单击图层激活选区，按↓键两次将选区向下移动两个像素，执行"选择"｜"反选"命令，使用"减淡"工具将纸盒顶部减淡，使用同样的方法将底部加深，制作出受光面与背光面的棱角效果，如图11-25所示。

图11-25　制作出受光面与背光面的棱角效果

双击打开"图层样式"对话框，选中"投

影"选项，设置数值如图11-26所示。此时的效果如图11-27所示。

图11-26　设置图层样式的数值

图11-27　设置图层样式后的效果

将投影图层复制一层，并且关闭复制层的图层样式，执行"编辑"｜"变换"｜"变形"命令，将复制层制作成纸盒的透视面，调整它的位置如图11-28所示。

图11-28　制作纸盒的透视面

在工具箱中单击 "自定义形状按钮"，在"选项栏"的"形状"下拉列表中选择一个锯齿外框的椭圆形，调整它的大小和角度，然后填充"红色"(R：180，G：0，B：0)，选中此层的"描边"选项，设置一个1像素的"黄色"(R：255，G：255，B：0)描边，效果如图11-29所示。

在工具箱中单击 "文本工具"按钮，在"字符"面板中设置数值如图11-30所示。然后输入文本"特惠装"，此时的整体效果如图11-31所示。

图11-29　绘制文字的装饰底

图11-30　在"字符"面板中进行设置

图11-32　绘制路径并转换为选区填充颜色

激活黑色填充层的选区，执行"选择"｜"反选"命令，将选区翻转，再次导入"素材2.jpg"，将它放置在黑色填充层的上面，单击Delete键将不需要的部分删除，如图11-33所示。

接下来综合使用"加深"、"减淡"和"海绵"工具反复调整，制作出软包装的凹凸感和质感，效果如图11-34所示。双击打开"图层样式"对话框，选中"投影"选项，设置数值如图11-35所示。

图11-33　修整外形

图11-31　整体效果

4. 制作软包装

在"图层"面板中单击 "新建组"按钮，新建一个组，将其命名为"软包装"。在此文件夹中新建一层，使用 "钢笔工具"绘制出软包装主体的轮廓，单击 "将路径转化为选区"按钮将路径转换为选区，为其填充"黑色"。如图11-32所示。

图11-34　制作出软包装的凹凸感和质感

图11-35　设置图层样式的数值

接着将此层复制一层并调整两个软包装之间的位置，此时的整体效果如图11-36所示。

图11-36　整体效果

接下来要制作阴影效果，分别将"茶壶"和"纸制包装"文件夹制作副本，并合并图层，拖

入到"背景"文件夹中，然后调整这两层的"不透明度"选项的数值，并且使用"橡皮擦"工具进行细微调整，效果如图11-37所示。

图11-37　制作阴影效果

至此，整个实例制作完成，对不满意的地方进行细微调整后，整体效果如图11-7所示。

11.3　玫瑰香包装设计

11.3.1　实例分析与效果预览

"玫瑰香"品牌是一种清酒的包装设计。这个设计定位为清新，高雅的格调。所以整体包装的色调都非常干净，包装中配以中国的水墨花卉作为装饰元素，更显出此品牌的高贵气质。包装整体效果如图11-38所示。

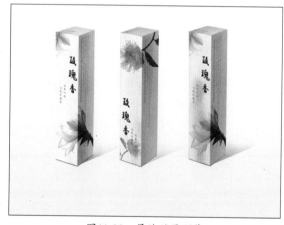

图11-38　最终效果预览

11.3.2　制作步骤

1. 制作背景

新建一个文件，将其命名为"玫瑰香包装"。设置尺寸为640×480像素，分辨率为300像素/英寸，RGB模式。单击"确定"按钮保存设置。

在"图层"面板中单击 "新建组"按钮，新建一个组，将其命名为"背景"。使用"渐变工具"填充一个"白色"(R：255，G：255，B：255)到"浅灰色"(R：232，G：232，B：232)的径向渐变，效果如图11-39所示。

图11-39　填充背景颜色

2. 绘制纸制包装

在"图层"面板中单击"新建组"按钮，新建一个组，将其命名为"纸制包装"。在此文件夹中新建一层，使用"钢笔工具"绘制出纸制包装的轮廓，单击"将路径转化为选区"按钮将路径转换为选区，为其填充"灰绿色"(R：197，G：200，B：156)。

然后执行"文件" | "打开"命令，打开"打开"对话框，选中"flower2.jpg"，将它们导入并拖入到"纸制包装"文件夹中。调整素材的大小比例，并且设置它们的图层模式为"正片叠底"模式，如图11-40所示。

图11-40　绘制纸制包装外形并导入素材

按住Ctrl键的同时单击鼠标，激活纸制包装所在的图层，单击"创建新图层"按钮新建一层，然后在工具箱中单击"画笔工具"

按钮，在"选项栏"的"画笔"下拉列表中选择"四方小花纹"选项，将"前景色"设置为"灰绿色"(R：182，G：185，B：144)，然后绘制上花纹，并将图层模式设置为"柔光"模式，效果如图11-41所示。

然后执行"文件" | "打开"命令，打开"打开"对话框，选中"flower1.jpg"，将它导入并拖入到"纸制包装"文件夹中。调整素材的大小比例，并且设置它们的图层模式为"正片叠底"模式，设置"不透明度"选项的数值为58%，如图11-42所示。

图11-41　绘制底纹　　图11-42　导入素材

新建一层，在工具箱中单击"竖排文本工具"按钮，在"字符"面板中设置数值如图11-43所示。然后输入文本"玫瑰香"，输入后的效果如图11-44所示。

图11-43　在字符面板中设置 图11-44　输入文本的
效果

输入另外的两段文本，分别在"字符"面板中设置好数值，然后输入文本，如图11-45和图11-46所示。

图11-45　在字符面板中设置并输入文本

图11-46　在字符面板中设置并输入文本

接下来新建一层绘制上阴影效果，如图11-47所示。

将前面制作的"纸制包装"文件夹制作两个副本，分别使用"色相/饱和度"命令，调整它们

的色调，调整导入素材的比例和位置，调整后的效果如图11-48所示。

调整后的最终效果如图11-38所示。

图11-47　添加阴影效果

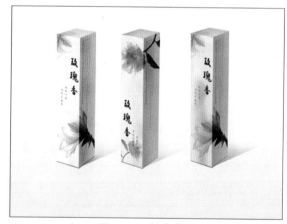

图11-48　制作其他两个副本

11.4　饮料包装设计

饮料类在包装设计中占有很大的比重，是人们日常熟悉的包装设计的重要范畴。在设计时，要考虑到饮料的品牌、时尚的特性以及饮料本身的特点。

11.4.1　效果预览

在饮料包装中，要考虑它的受众群体，一般饮料消费群体多为青年或少年，这样的群体要给他们以视觉感官上的刺激，图形图案大方简洁，这样才能达到促进销售的目的。如图11-49所示为本实例最终效果。

图11-49 最终效果预览

11.4.2 制作步骤

新建一个文件，将其命名为"饮料包装"。设置尺寸为640×480像素，分辨率为300像素/英寸，RGB模式。单击"确定"按钮保存设置。

在"图层"面板中单击 ▣"新建组"按钮，新建一个组，将其命名为"背景"。使用 ▣"渐变工具"填充一个"白色"到"绿色"(R：206，G：222，B：144)的线性渐变。

双击图层打开"图层样式"对话框，选中"图案叠加"选项，设置各项数值如图11-50所示，设置完成的效果如图11-51所示。

图11-50 设置图层样式的数值

图11-51 设置完图层样式的效果

在"图层"面板中单击 ▣"新建组"按钮，新建一个组，将其命名为"饮料1"。在此文件夹中新建一层，使用 ▨"钢笔工具"绘制出饮料瓶的主体的轮廓，单击 ◯"将路径转化为选区"按钮将路径转换为选区，为其填充"灰色"(R：125，G：125，B：125)。并且使用 ◉"减淡工具"和 ◎"加深工具"塑造饮料瓶，使其产生立体效果，如图11-52所示。

执行"图像"|"调整"|"亮度/对比度"命令，打开"亮度/对比度"对话框，调整"亮度"选项的数值为-27，"对比度"选项的数值为77，如图11-53所示。效果如图11-54所示。

图11-52 绘制饮料瓶主体并制作立体效果

新建一层，按住Alt键的同时在叠加层和新建层中间单击鼠标，使新建层的绘制以叠加层为模板，然后选中"画笔工具"，在"选项栏"中设置"不透明度"选项的数值为30%，轻轻地绘制上高光效果，如图11-58所示。

接下来配合"画笔工具"、"减淡工具"和"加深工具"绘制上瓶盖，效果如图11-59所示。然后新建一层，填充一个红色的渐变效果，导入素材，并且调整素材的弧度，为其添加上白色的描边效果，如图11-60所示。

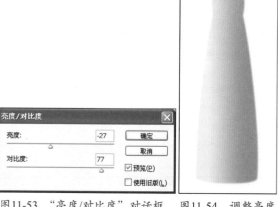

图11-53 "亮度/对比度"对话框　图11-54 调整亮度与对比度

执行"图像"｜"调整"｜"色相/饱和度"命令，打开"色相/饱和度"对话框，选中"着色"复选框，并将"饱和度"选项的数值调整为100，如图11-55所示。调整完的效果如图11-56所示。

将此层复制一层，调整它的图层模式为"正片叠底"模式，调整后的效果如图11-57所示。

图11-58 绘制高光　图11-59 绘制　图11-60 导入素材
效果　　　　　　　上瓶盖　　　　并调节

在工具箱中单击 "自定义形状"按钮，在"选项栏"的"形状"下拉列表中选择一种心形的图标绘制在瓶子上作为商标，然后在"图层"面板中设置此层的"填充"选项的数值为0，双击打开"图层样式"对话框，选中"斜面和浮雕"选项，设置数值如图11-61所示。设置完的效果如图11-62所示。

图11-55 调整"色相/饱和度"选项数值

图11-56 调整后的效果 图11-57 叠加图层后的效果

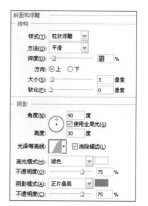 

图11-61 设置图层样式 图11-62 设置图层样式

新建一层，放置在"饮料1"文件夹的最底层，在工具箱中选中 ⬭ "椭圆形选框"工具，在"选项栏"中设置"羽化"选项的数值为20，然后绘制上阴影效果，如图11-63所示。

将"饮料1"文件夹制作两个副本，并将它们分别命名为"饮料2"和 "饮料3"，调整它们的颜色，最终效果如图11-64所示。

最后将背景的颜色调亮些，并且进行整体调整，最终效果如图11-49所示。

图11-63　绘制上阴影效果　　　　图11-64　复制其他两个饮料瓶

11.5　巧克力包装设计

11.5.1　效果预览

在设计巧克力包装时，要注意包装的整体效果，以及外包装的颜色。巧克力的主要消费群体是青少年，它代表着浪漫、华贵，而且是情人节的首选礼品，所以本实例采用了金色作为包装的主色调。此外，巧克力球在设计上也以圆润的线条为主，配以金色包装更显柔美。实例的最终效果如图11-65所示。

图11-65　最终效果预览

11.5.2 制作步骤

1. 制作背景

新建一个文件，将其命名为"巧克力包装"。设置尺寸为600×600像素，分辨率为300像素/英寸，RGB模式。单击"确定"按钮保存设置。

在"图层"面板中单击▢"新建组"按钮，新建一个组，将其命名为"背景"。然后执行"文件"｜"打开"命令，在"打开"对话框中选中素材文件"底图.jpg"，将它拖入到新建的文件夹中，如图11-66所示。

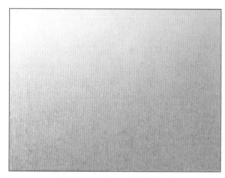

图11-66 导入素材文件

2. 绘制巧克力盒

在"图层"面板中单击▢"新建组"按钮，新建一个组，将其命名为"巧克力盒"。在此文件夹中新建一层，在工具箱中单击▢"矩形框工具"按钮，按住Shift键的同时绘制一个矩形并填充"土黄色"(R：222，G：191，B：126)，如图11-67所示。

图11-67 绘制矩形盒子

执行"编辑"｜"变换"｜"扭曲"命令，将正方形扭曲成带有透视效果的盒子，如图11-68

所示。按住Ctrl键的同时单击图层激活选区。新建一层，在工具箱中单击▢"渐变工具"按钮，设置一个"浅黄色"到"棕红色"的渐变效果，在"选项栏"中单击"线性渐变"按钮，然后填充颜色，效果如图11-69所示。在"图层"面板中调整此层的"不透明度"和"填充"选项的数值为39%，此时的效果如图11-70所示。

图11-68 变形巧克力盒

图11-69 新建层并填充渐变效果

图11-70 调整"不透明度"和"填充"选项的效果

回到填充土黄色的图层，结合"加深"和"减淡"工具，调整盒子四周的反光效果，如图

11-71所示。

图11-71 调整反光效果

新建一层，在工具箱中单击 钢笔工具"按钮，然后绘制巧克力盒子左侧的矩形面，并填充"棕黄色"(R：175，G：112，B：45)，如图11-72所示。

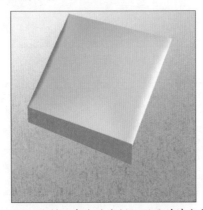

图11-72 绘制巧克力的左侧矩形面并填充颜色

将棕黄色的矩形面制作一个副本，调整它的图层的"不透明度"选项的数值为80%，并按住Ctrl键的同时激活选区，填充"红棕色"(R：133，G：72，B：23)，如图11-73所示。

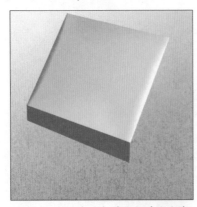

图11-73 制作副本并重新填充颜色

双击图层打开"图层样式"对话框，选中"内发光"选项，设置数值如图11-74所示。此时的效果如图11-75所示。

图11-74 在"图层样式"对话框中进行设置

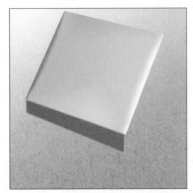

图11-75 设置图层样式后的效果

同样使用"钢笔工具"绘制出巧克力盒子右侧的矩形面，并新建图层，填充一个"红棕色"到"土黄色"的线性渐变效果，如图11-76所示。同样双击打开"图层样式"对话框，选中"内发光"选项，设置数值如图11-74所示。此时的效果如图11-77所示。

图11-76 绘制巧克力的右侧矩形面并填充颜色

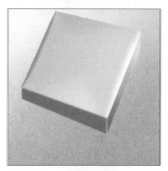

图11-77 设置图层样式后的效果

新建一层，在工具箱中单击 "自定义形状"按钮，在"选项栏"的"形状"下拉列表中选择一种皇冠的图标绘制在瓶子上作为商标，并填充"红棕色"（R：89，G：41，B：1）。执行"编辑"|"变换"|"扭曲"命令，根据巧克力盒子的形状为商标变形。

在工具箱中单击 T "文本工具"按钮，在"字符"面板中设置同商标同样的颜色，输入文本CHOCOLATE。执行"图层"|"栅格化"|"文本"命令，将图层栅格化，然后，同样为文本变形，效果如图11-78所示。

图11-78 绘制上商标和主题文本

3. 绘制装饰带

在"图层"面板中单击 ▢ "新建组"按钮，新建一个组，将其命名为"装饰带"。在此文件夹中新建一层，结合"矩形框工具"和"渐变填充"工具绘制装饰条，并且调整它们的旋转角度，如图11-79所示。

将此层制作两个副本，执行"编辑"|"变换"|"变形"命令，按照盒子的形状将之前绘制好的装饰带变形，按住Ctrl键的同时选中这3层，单击鼠标右键，在弹出的菜单中选择"合并图层"命令，然后使用"橡皮擦工具"将不需要的

部分删除，效果如图11-80所示。

图11-79 绘制装饰带　　图11-80 复制并为装饰带变形

按住Ctrl键的同时单击合并层激活选区，新建一层，将其放置在合并层的下面，然后同样填充"红棕色"（R：89，G：41，B：1），将此层的"填充"选项的数值设置为50%，将其向右和向下分别移动两个像素，这样装饰带就有了阴影的效果，如图11-81所示。

接下来使用同样的方法制作蝴蝶结和它的阴影，效果分别如图11-82和图11-83所示。

图11-81 制作阴影的效果　　图11-82 制作蝴蝶结

图11-83 制作蝴蝶结的阴影

4. 绘制巧克力球

在"图层"面板中单击 ▢ "新建组"按钮，新建一个组，将其命名为"巧克力球"。在此文件夹中再新建一个组，将其命名为"巧克力球1"。在此文件夹中新建一层，在工具箱中单击 ◯ "椭圆形选框工具"按钮，将"前景色"设置

为"深棕色"(R：65，G：28，B：2)，然后填充颜色。如图11-84所示。

按住Ctrl键的同时单击深棕色填充层来激活选区，新建一层，结合"渐变工具"与"画笔工具"绘制巧克力肌理效果，如图11-85所示。然后将此层的"图层模式"改为"正片叠底"模式，效果如图11-86所示。

图11-84　填充颜色　　图11-85　结合渐变与画笔工具绘制肌理　图11-86　更改图层模式后的效果

保持选区在激活状态，新建一层，在工具箱中单击 ✎ "画笔工具"按钮，在"选项栏"中设置"不透明度"和"填充"选项的数值为30%，将"前景色"设置为"白色"，轻轻地绘上高光，如图11-87所示。将此层的"填充"选项的数值设置为40%，如图11-88所示。

保持选区在激活状态，新建一层，在"选项栏"中将"画笔工具"的"不透明度"和"填充"选项的数值设置为20%，将"前景色"设置为"灰棕色"(R：82，G：56，B：43)，轻轻地绘上暗部的反光效果，如图11-89所示。

图11-87　绘制高光效果　　图11-88　更改填充项数值的效果　　图11-89　绘制上暗部的反光

同样使用"画笔工具"绘制上糖豆，并且使用"加深工具"将暗部加重，如图11-90所示。

双击打开"图层样式"对话框，选中"斜面和浮雕"与"投影"选项，设置数值如图11-91所示，设置完的效果如图11-92所示。然后再调整巧克力到合适的大小，并放置在如图11-93所示的位置。

图11-90　绘制上彩色的糖豆　　　　图11-91　设置图层样式

图11-92 设置图层样式后的效果

图11-95 结合渐变与画笔工具绘制肌理

图11-93 调整巧克力球的位置和大小比例

图11-96 更改图层模式后的效果

在"巧克力球"文件夹中再新建一个组，将其命名为"巧克力球2"。在此文件夹中新建一层，将"前景色"设置为"深棕色"(R：74，G：41，B：30)，同样使用"椭圆形选框工具"填充颜色。如图11-94所示。

按住Ctrl键的同时单击深棕色填充层激活选区，新建一层，结合"渐变工具"与"画笔工具"绘制巧克力肌理效果，如图11-95所示。然后将此层的"图层模式"改为"柔光"模式，效果如图11-96所示。

保持选区在激活状态，新建一层，在工具箱中单击 "画笔工具"按钮，在"选项栏"中设置"不透明度"和"填充"选项的数值为30%，将"前景色"设置为"白色"，轻轻地绘上高光，效果如图11-97所示。将此层的"图层模式"改为"柔光"模式，效果如图11-98所示。

保持选区在激活状态，新建一层，在"选项栏"中将"画笔工具"的"不透明度"和"填充"选项的数值设置为20%，将"前景色"设置为"橙棕色"(R：152，G：112，B：69)，轻轻地绘上暗部的反光效果，如图11-99所示。

图11-94 填充颜色

图11-97 绘制高光效果

图11-98　更改填充项数值的效果

图11-99　绘制上暗部的反光

同样使用"画笔工具"绘制巧克力豆上的条纹，并且使用"加深工具"将暗部加重，如图11-100所示。将此层的"图层模式"更改为"正片叠底"，效果如图11-101所示。

图11-100　绘制上条纹

图11-101　更改图层模式后的效果

将叠加层制作一个副本，并且将副本层拖动到叠加层的上面，将此层的"图层模式"更改为"正常"。然后使用"橡皮擦"工具将两侧不需要的部分擦除，效果如图11-102所示。再调整巧克力到合适的大小，并放置在如图11-103所示的位置。

图11-102　更改图层模式后的效果

图11-103　调整巧克力球的位置和大小比例

使用相同的方法制作出其他两个巧克力球，摆放如图11-104所示。

图11-104　绘制出其他两个巧克力球

5. 整体画面调整

在把所有的元素都绘制完成后，发现所有的

元素都是孤立存在，互不联系的，效果非常不理想，需要通过添加阴影等方式来整体地调整画面效果。

在"巧克力"文件夹中新建一层，将它放置在文件夹的最底层，在工具箱中单击"画笔工具"按钮，在"选项栏"中设置其"不透明度"和"填充"选项的数值为60%，然后为每一个巧克力球绘制上阴影，效果如图11-105所示。在"图层"面板中设置此层的"不透明度"选项的数值为50%，设置"填充"选项的数值为95%，此时的效果如图11-106所示。

图11-105　绘制上巧克力球的阴影

图11-106　调整不透明度和填充选项数值后的效果

再新建一层，制作第二层的阴影效果，在"选项栏"的"画笔"下拉列表中选择27号画笔，为每一个巧克力球绘制上网状的阴影，表现巧克力球表面的纹理投下来的阴影效果，如图11-107所示。

在"图层"面板中设置此层的"不透明度"选项的数值为65%，设置"填充"选项的数值为50%，此时的效果如图11-108所示。

图11-107　绘制上巧克力球的第二层阴影

图11-108　调整不透明度和填充选项数值后的效果

在"巧克力盒"文件夹中新建一层，放置在左侧矩形面的上面，然后按住Ctrl键的同时单击左侧矩形面所在的图层，激活选区，使用"画笔工具"在新建层中绘制盒子侧面的阴影和反光效果，如图11-109所示。

在"背景"文件夹中新建一层，并放置在最底层，然后结合"钢笔工具"和"填充工具"制作出盒子的投影效果，如图11-110所示。

图11-109　绘制巧克力盒的阴影和反光效果

图11-110　调整不透明度和填充选项数值后的效果

最后再新建一层，将所有的阴影统一于一个灰度层次中，效果如图11-111所示。最终效果如

图11-65所示。

图11-111　调整阴影统一于整体灰度色调

第12章 插画设计

本章展现：

　　本章将介绍插画相关基础知识，以新颖的方式围绕Photoshop绘画功能展开教学示范，通过几个实际的插画绘制的案例，告诉读者如何在作品中简洁地表达创作者的想法与情感。通过详细的绘画步骤引导，传授独门秘笈，使读者迅速成为插画高手。

　　本章的主要内容如下：

- 插画发展概述与技巧简介
- 弓箭手的绘制
- 魔法战士的绘制
- 火龙的绘制

12.1 插画发展概述与技巧简介

插画艺术并不是一种新的艺术形式，史前洞窟画中就描绘过像独角兽之类的怪物。至于文明世界产生的一些早期绘画，都与某种宗教有关，但是它们都是一些想象出来的东西。

在过去的一二十年间，西方的幻想艺术更是纷繁多样，幻想画家显露出极其丰富的文化内涵。Photoshop这样的强大图像处理软件的诞生，以及喷绘等新型工具的问世，更是开创了一个插画发展的新时期。特别是它不断在游戏角色设计，电影场景绘制等多种领域中的应用，幻想艺术作品已不再被认为只是用于印刷品，它正在越来越多地走入人们的生活。

12.1.1 构思与表现

插画艺术说到底是一门创意构思的艺术。一个画家即使画工精湛，但是如果没有丰富的想象力和创作激情，其创作成果也是不会令人满意的。插画艺术在最大程度上体现了人类的思想，可以说没有想象就没有人类的将来。

创意构思是作品的主体，表现工具是其次的。通过何种工具表现并不重要，可以用画笔，也可以用电脑来绘制，总之要善于创造机会来锻炼自己的创造思维。现实生活中，人们几乎完全可以像借助语言一样，借助身体姿势来表达思想。人们的种种动作可以向读者暗示他们的性格以及所要发生的事情，甚至他们的职业。

图12-1画面中的人物原型是中国小说《西游记》中沙僧的形象，男主角双手紧握兵器，表情坚毅，虽然人们并不知道在画面的外面有什么样的危险情景，但是从人物的面部表情和动作就已经表现出他面对袭击和危险时的勇猛与大将风范。此外，整张作品的绘制过程中更多地吸收了中国绘画的元素，使角色具备更多的中国味道。

图12-1 插画作品1

此外，身高在某种程度上可以用来表现角色的性格或是职业，如图12-2所示的是笔者的另一幅作品，画面中的女性身材纤细而修长，并且长发飘逸，读者很自然就会联想起女神、公主的形象。而图12-3中所示的主人公很显然是一个矮人的形象，矮胖敦实的身体结构，粗大的手掌与大脚都会让人感受到他的威力，所以这里赋予他的武器是奥丁神槌。

图12-2　插画作品2

图12-3　插画作品3

色彩与造型

色彩在绘画中的成功应用能使故事情节更加饱满，一个故事或一种题材的插画或另类风格的创作都由不同的色彩组合来表现。当世界充满色彩时才感觉到生命存在的意义。造型是为色彩服务的，色彩是传达创作者意图和内心世界的有力工具，所有的设计和色彩都有着密切的关系，当人们看到色彩时，常常会联想起一些事物，色彩的联想是通过过去的记忆或经验而取得的。在插画的创作过程中，不同的色彩组合能够创作出不同的意境。

如图12-4所示的插画作品，绘制的是"奎斯森林的守护女神——凯利"，一头红褐色的长发披散在肩膀与背上，双瞳像是两泓深不见底的褐色水池。画面向我们展示的空间极其深远，画面中的中绿色调营造出了梦幻般的神秘气氛。

图12-4　插画作品4

而同样的女性形象，由于他们的造型和色彩的不同，则会产生出极大的反差效果。如图12-5所示的作品，女主人公是"女巫瑟西"，在这幅画面中，作者注重了细节的刻画，譬如手指甲的尖利，满身的蛇纹装饰，再掺杂上诡异的墨绿色，这种效果犹如地狱走来的幽灵，使人产生无限的可怕联想。

图12-5 插画作品5

12.2 弓箭手——安娜

角色——是我们每个人所面临的人及物的统称。文学影视动漫作品中，都有特殊的角色，成为作品的主要对象，人们原创角色，是体会生活中所面对的各种人与物。面对周围的一切，角色内容包罗万象，有思想，有兴味，有目的的身体语言等多种方式。

12.2.1 实例分析与效果预览

本故事主人公为弓箭手——安娜。她是与王子共同寻找神秘之门的精灵公主，几百年前的战争使精灵消失殆尽，背负历史的使命，决心让精灵重新成为尼达安大陆的主人。她身着黄金战甲，显示精灵的高贵，手持蒂斯纳科提弓箭，射术精准。在本节中重点就是使用"画笔工具"进行绘制，所以在使用工具与设置数值方面不作过多的解释，读者可以在绘制过程中根据自己的需要来调整，只要能达到比较好的画面效果就可以。最终角色设计效果如图12-6所示。

图12-6 最终效果预览

12.2.2 制作步骤

1.电脑上色前的准备工作

在进行电脑创作前，首先要在纸面上用铅笔创作出弓箭手的草图，确定构图与画面主体的位置，此过程是十分重要的，也是创作者整理思绪的一个重要过程，这时候画面主体的形象将随着草图的不断修改而逐步清晰起来，如图12-7所示的是笔者第一版的草图。

确定了大方向的体块之后，就可以较为细致地刻画弓箭手的形象了。譬如设定人物为精灵族的公主，在耳朵上就体现出精灵族特有的特征，身着黄金战甲，显示精灵的高贵，手持蒂斯纳科提弓箭，显示射术的精准。在这一步的草图绘制中，要尽量设想角色所处的情景、人物性格、最后的视觉效果，为将来的电脑绘制做准备，第二版的草图效果如图12-8所示。

绘制完成后，通过扫描仪将它扫入电脑，设置其分辨率为300像素/英寸，然后将其拖入到Photoshop软件中。

图12-7 第一版草图效果

图12-8 第二版草图效果

2.调整素描草图

刚刚导入的素描稿是不便于绘制的，首先执行"图像"|"调整"|"亮度/对比度"命令，打开"亮度/对比度"对话框，在其中将画面调亮，将对比度加强，这样就可以使铅笔线条颜色加深，同时去掉画面中一些不够整洁的部分。对于一些无法去掉的杂点和颗粒，可以使用"橡皮擦"工具将它们擦除。调整后的效果如图12-9所示。

图12-9 扫描入电脑并调整

接下来确定大体的色彩基调，新建一层放置在此层的上面，将"前景色"设置为"灰棕色"(R：167，G：151，B：135)，然后使用油漆桶工具进行填充。将此层的图层模式更改为"正片叠底"模式,效果如图12-10所示。

图12-10 填充并更改图层模式

3. 为角色整体上色

接下来在叠加图层上铺上大色调。结合"画笔工具"和"颜色选取"工具依次绘制出头发、皮肤、盔甲等各个部分的颜色,因为此层的图层模式为正片叠底,所以用户可以尽情发挥,不必担心将黑色的轮廓线遮盖住,也不需要使用选区,效果如图12-11所示。

图12-11 整体上色

接下来就要粗略地概括整个形象的阴暗转折面,并对于一些不满意的颜色进行调整。在工具箱中单击"画笔工具"按钮,在"选项栏"的"画笔"下拉列表中选择45号画笔,在"画笔"面板中设置数值如图12-12所示。然后进行局部绘制,图12-13所示是绘制前后腿部细节的对比效果,左侧为绘制前的效果,右侧为绘制后的效果。图12-14所示为面部和头发的进一步刻画,上图为绘制前的效果,下图为绘制后的效果。

图12-12 在画笔面板中设置笔触数值

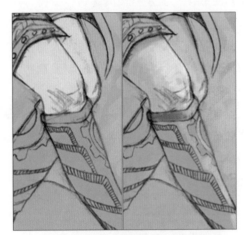

图12-13 腿部细节对比

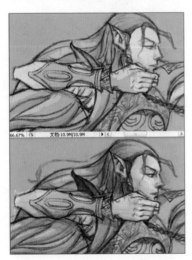

图12-14 面部与头发细节对比

4. 深入刻画

将前面两层同时选中，单击鼠标右键，在弹出的快捷菜单中选择"合并图层"选项。然后新建一层，以头部为主，深入刻画五官，并且将盔甲的细节也略微刻画。在绘制过程中用户可以随时在"选项栏"中调解笔触的大小和"不透明度"等选项的数值，来完成手部等细节刻画。图12-15所示的是头部和护腕的进一步绘制情况，在原来的基础上进一步刻画了手部关节的受光面与背光面，并且将面部细节进一步体现，将一些不需要的黑色线框遮盖。

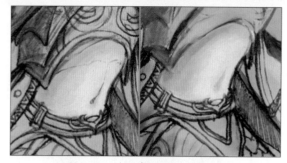

图12-16 进一步绘制裸露的肚皮

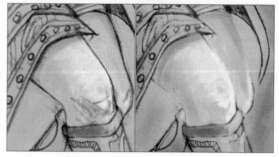

图12-17 进一步绘制腿部的关节

此时需要粗略处理一下背景，使主体与背景不会出现脱离的状况。同时，将盔甲和马靴的颜色也相应地调整，如图12-18所示。接下来执行"图像"｜"调整"｜"色相/饱和度"命令，将整体的画面调整到较灰的色调，这样有利于继续深入画面。效果如图12-19所示。

图12-15 脸部与手部绘画细节对比

使用同样的方法，处理裸露的肚皮和腿部关节，对比效果分别如图12-16和图12-17所示。左侧为绘制前的效果，右侧为绘制后的效果。

图12-18 粗略绘制背景

图12-19　调整整体的色调

然后对五官进行更为深入的刻画，注意面部一些细微的颜色变化，在绘制过程中可以随时按下Alt键切换到"吸管工具"，选取合适的颜色后，松开Alt键即可以切换回"画笔工具"。如图12-20所示。

图12-20　深入刻画头部

接下来以头部为中心进行第二轮的调整与细

部刻画，从这一步开始要时刻注意整体画面的关系和各个部分颜色的衔接，以头部为中心向周围的物体——展开，避免只注重局部刻画而破坏整体效果。首先选择纯度较高的黄色沿头部绘制亮度，以体现出人物的华贵感。效果如图12-20所示。

图12-21　添加人物的华丽感

新建一层，用较细的笔刷进行刻画，注意边缘线不要太生硬，并且要拉开两支手臂大的色调的差异。进一步绘制盔甲，注意绘制出下半部分盔甲有些皮质的那种感觉，与肩胛部位的质感效果的区分。并且随着盔甲部分的深入，继续刻画头部，在这里不作过多讲解，但是把重点部分的截图提供给读者作为参考。图12-22所示为底部皮靴细节，图12-23所示为皮质盔甲的细节，如图12-24所示为肩胛盔甲的细节，图12-25所示为面部和手部的细节。

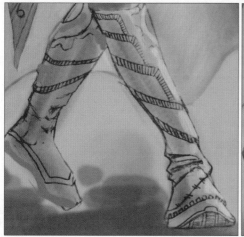

图12-22 底部皮靴的细节

图12-23 皮质盔甲的细节

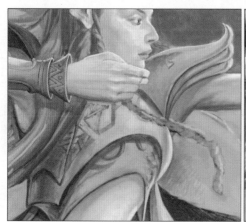

图12-24 肩胛盔甲的细节

图12-25　面部和手部的细节

将画笔工具的笔刷放大，并且将"不透明度"选项的数值设置为50%，使用墨绿色逐步地填充背景，制作出一种水墨晕染的效果。主要整体效果的变化，切忌盯住某一局部绘制。效果如图12-26所示。

图12-26　为大的背景效果上色

结合"画笔工具"、"橡皮擦工具"和"减淡工具"来局部提亮，营造一种暖调的光线感。要特别注意脚下和肩胛部分的光线的处理，对于初学者来说，这里需要有足够的耐心，效果如图12-27所示。

新建一层，结合"钢笔工具"、"选区工具"、"画笔工具"和"橡皮擦工具"绘制弓箭，整体效果如图12-28所示，局部放大效果如图12-29所示。

然后进行整体色调的调整，最终效果如图12-6所示。

图12-27　局部提亮，营造光线感

图12-28　绘制弓箭

图12-29　弓箭纹理局部放大

12.3　魔法战士

12.3.1　实例分析与效果预览

　　本实例使用较为写实的手法，塑造一个具有中国风格的魔法战士。画面以红色为主，强调虚实关系，这样既可以节省时间、精力，又会使画面具有较好的效果。此外，与上一幅作品不同的是，本节作品将直接在电脑中起稿，这对于读者的造型能力有更高的要求。魔法战士最终效果如图12-30所示。

图12-30　最终效果预览

12.3.2　制作步骤

1. 在电脑中绘制草稿

　　同样使用"画笔工具"，选择一个圆头的画笔，按照如图12-12所示的进行设置，起稿过程中主要是要勾勒出主人公的大体比例、形态，并且要略微示意明暗关系。效果如图12-31所示。

　　在确定了形态之后要明确明暗关系。这里要在概念里定义一个统一的光源，例如光是从左上方、右上方照射，还是平行光等等，在这里，采用右上方的光源。然后顺势明确人物的五官的位置和大体的装束。这里将人物比例进行了夸张，使其显得非常高大。效果如图12-32所示。

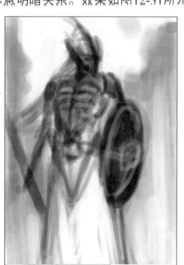

图12-31　用画笔工具起稿

图12-32　确定人物五官和大体装束

继续丰富画面元素和层次，将一些有中国特色的装饰、斗篷和盾牌的细节描绘出来。注意，这一步非常重要，直接决定着后面上色的效果，如图12-33所示。一些看不清的元素读者可以参照源文件进行对照。

图12-33　继续丰富画面元素和层次

接下来重点塑造头部，在这里选择了亮灰色，在原来的基础上将细节提亮，这也是草稿绘制中的一个技巧，使用较亮的颜色在深色的底纹上刻画纹理，会带来较好的画面效果，并且易于控制。头部局部放大效果如图12-34所示。

图12-34　头部局部放大效果

2. 整体上色与局部刻画

明度关系确定了之后，使用和12.2节实例同样的方法，新建一层，将其"图层模式"设置为"正片叠底"模式，然后整体填充颜色。这时候，前面所做工作的价值就会体现出来，不费吹灰之力，就可以轻松地完成颜色的铺陈，效果如图12-35所示。

图12-35　整体颜色的铺陈

铺完了大体色调后，进入局部细节的绘制，在这里对于"画笔工具"没有具体的设置要求，只是在"压力控制"和"不透明度"的设置上要熟能生巧，并且注意与"吸管工具"的切换配合。图12-36所示为头部细节展示，图12-37所示为胸部铠甲细节展示，如图12-38为腰带与盾牌的细节展示。

图12-36　头部细节展示

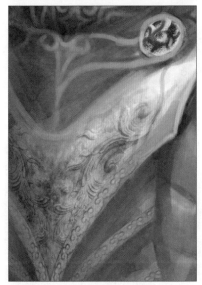

图12-37 胸部铠甲细节展示

图12-39 整体画面效果 图12-40 头部细节展示

图12-38 腰带与盾牌的细节展示

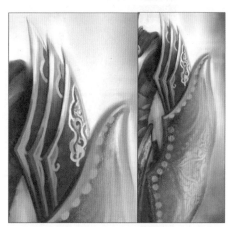

图12-41 盾牌的细节展示

图12-42 腰带与胸部铠甲的细节展示

新建一层,此层的图层模式保持"正常"状态,继续深入刻画,将重点放在调整整个画面的颜色和人物上半身的塑造上,并且虚化背景,注意虚实的对比。此时的整体画面效果如图12-39所示。图12-40所示为头部细节展示,图12-41所示为盾牌的细节展示,图12-42所示为腰带与胸部铠甲细节展示。

最后整体调整画面的色调与饱和度,这幅作品只能算是绘制了一半,有兴趣的读者可以在此基础上继续深入,将没有绘制出来的细节添加上。现阶段的整体效果如图12-30所示。

12.4 火龙

12.4.1 实例分析与效果预览

　　"火龙"这幅作品是一幅典型的欧美风格的插画作品。画面以火龙为主体展开塑造。最终效果如图12-43所示。火龙局部放大效果如图12-44所示。

图12-44　火龙局部放大效果

图12-43　最终效果预览

12.4.2 制作步骤

　　图12-45~图12-48所示的为男主角的草稿绘制过程。

图12-45　男主人公草图1

图12-46　男主人公草图2　　图12-47　男主人公草图3

　　图12-49和图12-50所示为女主角的草稿绘制过程。

图12-48 男主人公草图4

图12-53 整体着色效果1 图12-54 整体着色效果2

图12-49 女主人公草图1 图12-50 女主人公草图2

图12-51和图12-52所示为火龙的草稿绘制过程。

图12-55 整体着色效果3 图12-56 男主角着色局部放大效果1

图12-56~图12-57所示为男主角着色局部放大效果，图12-58和图12-59所示为女主角着色局部放大效果，图12-60~图12-62所示为火龙着色局部放大效果。

图12-51 火龙草图1 图12-52 火龙草图2

图12-53~图12-55所示为整体着色效果。

图12-57 男主角着色局部放大效果2

图12-58　女主角着色局部放大效果1

图12-61　火龙局部放大效果2

图12-59　女主角着色　　图12-60　火龙局部放大效果1
局部放大效果2

图12-62　火龙局部放大效果3

12.5　部分作品步骤展示

接下来展示图12-3和图12-5中所示的例图的大体绘制步骤，具体效果请读者参照源文件来学习。

12.5.1 矮人绘制步骤展示

图12-63 步骤1

图12-64 步骤2

图12-65 步骤3

图12-66 步骤4

图12-67 步骤5

图12-68 步骤6

图12-69 步骤7

图12-70 步骤8

12.5.2 冰雪女巫绘制步骤展示

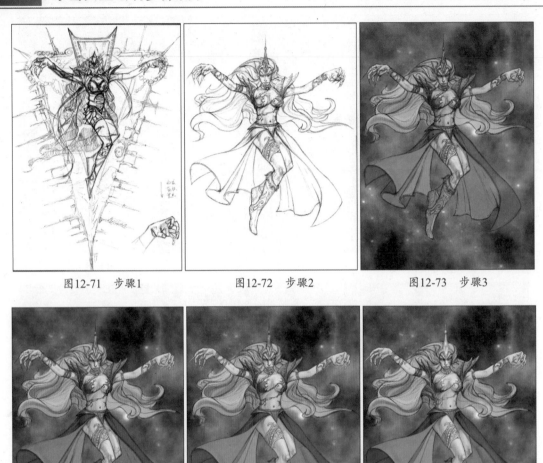

图12-71　步骤1　　　　　　　图12-72　步骤2　　　　　　　图12-73　步骤3

图12-74　步骤4　　　　　　　图12-75　步骤5　　　　　　　图12-76　步骤6